李秉彝与中国数学教育

方均斌◎主编

华东师范大学出版社

图书在版编目(CIP)数据

李秉彝与中国数学教育/方均斌主编. —上海:华东师范大学出版社,2018
ISBN 978 - 7 - 5675 - 8505 - 8

Ⅰ.①李… Ⅱ.①方… Ⅲ.①数学教学－研究－中国
Ⅳ.①O1

中国版本图书馆 CIP 数据核字(2018)第 263521 号

李秉彝与中国数学教育

主　　编　方均斌
责任编辑　倪　明　汤　琪
装帧设计　黄惠敏

出版发行　华东师范大学出版社
社　　址　上海市中山北路 3663 号　邮编 200062
网　　址　www.ecnupress.com.cn
电　　话　021 - 60821666　行政传真 021 - 62572105
客服电话　021 - 62865537　门市(邮购)电话 021 - 62869887
地　　址　上海市中山北路 3663 号华东师范大学校内先锋路口
网　　店　http://hdsdcbs.tmall.com

印 刷 者　上海书刊印刷有限公司
开　　本　700×1000　16 开
印　　张　17
插　　页　2
字　　数　257 千字
版　　次　2018 年 12 月第 1 版
印　　次　2018 年 12 月第 1 次
印　　数　5100
书　　号　ISBN 978 - 7 - 5675 - 8505 - 8/G·11616
定　　价　55.00 元

出 版 人　王　焰

(如发现本版图书有印订质量问题,请寄回本社客服中心调换或电话 021 - 62865537 联系)

李秉彝先生（1938— ）

祖籍为温州市苍南县金乡镇，退休前任职于新加坡南洋理工大学国立教育学院①。

专业方向： 函数论，数学教育。

爱好： 戏剧就是我的生命。 那是五十年前的事，我学的已经落伍了。 后来数学是我的生命，现在是数学教育。

人生： 我的这辈子道路是朝阻力最小的方向走下去的。机会是有限的，我没有做太多的选择。 一般情况，顺着走便是。

数学教育： 要上通数学，下达课堂。

中国情怀： 有人问我："你在担任国际数学教育委员会副主席期间，除了对中国做了很多工作外，你还做了哪些你认为比较重要的工作？"我的回答是："有许多，但没有比这更重要的了。"

Lee Peng Yee

---

① 由于种种原因，李秉彝先生以新加坡南洋理工大学国立教育学院数学副教授（博士生导师）的身份退休，但他被诸如西北师大等多所国内大学聘为名誉教授，故全书统称李先生为教授，特注。

目 录

序 / 1

前言 / 1

第一章 李秉彝生平 / 1

第一节 少年时期 / 3

第二节 高校求学阶段 / 3

第三节 在高校的工作简历 / 6

第四节 走向世界 / 6

第二章 李秉彝与中国数学教育 / 11

第一节 从数学界开始的破冰之旅 / 13

第二节 助力中国数学教育国际化 / 22

第三节 架构数学教育国际交流的桥梁 / 33

第三章 李秉彝数学教育观点述评 / 61

第一节 上通数学,下达课堂 / 63

第二节 教学大纲是家,不是牢房 / 69

第三节 要接着走,不要照着走 / 72

第四节 要带领学生参观"数学厨房" / 73

第五节 儿童版的数学 / 76

第六节 "折纸中的数学" / 78

第四章　李秉彝在中国的数学教育学术交流 / 83

关于数学教育研究的若干问题

——与李秉彝教授的讨论(黄翔) / 85

研究·论文·投稿

——李秉彝先生的报告及其启示(张定强、郭霞) / 92

数学教育三人谈(方均斌、李秉彝、张奠宙) / 100

李秉彝谈数学精英教育给我们的启示(方均斌) / 115

别样的课堂　智慧的收获

——与李秉彝先生电邮对话的学习体会及启示(黄燕苹) / 126

第五章　挚友之谊 / 133

海内存知己，天涯若比邻

　　——庆贺李秉彝先生八十华诞（张奠宙）/ 135

秉诚待人，彝尊数坛（丁传松）/ 138

架设桥梁的奠基者（唐瑞芬）/ 140

李秉彝先生访问西南大学回忆（宋乃庆）/ 142

和李秉彝先生交往二三事（涂荣豹）/ 146

我与李秉彝教授交往散记

　　——为贺李先生八十岁生日而作（范良火）/ 148

第六章　师生之情 / 155

认识世界，也要世界认识我们（李俊）/ 157

中国兰州与一本数学世界名著的故事

　　——兰州·数学·兰州讲义（巩增泰）/ 163

忆海拾零

　　——献给李秉彝先生八十华诞（叶国菊）/ 168

学会动脑筋　养成好习惯

　　——李秉彝先生赠语金刀峡小学的故事（黄燕苹）/ 176

平生遇到的贵人：李秉彝先生（江春莲）/ 179

我的老师李秉彝（吴颖康）/ 185

李秉彝先生印象记（黄兴丰）/ 189

润物无声（金海月）/ 194

第七章　李秉彝的东南亚数学教育回眸 / 199

东南亚的数学教育 / 201

东南亚和东亚地区数学教育大会的回忆录 / 208

过去 40 年的数学和数学教育 / 213

我与印尼的故事 / 221

我的关于印度尼西亚现实数学的故事 / 223

附录　学术成果 / 227

一、数学研究 / 229

1. 专著和教材 / 229

2. 论文和报告 / 229

二、数学教育研究 / 241

1. 专著和教材 / 241

2. 论文、报告和访谈 / 241

编者后记 / 243

编辑后记 / 246

中文人名索引 / 252

序

　　《李秉彝与中国数学教育》的编者邀我为该书的出版写一篇序。该书的出版是有意义的,更何况秉彝兄又是老友,当然责无旁贷。然毕竟人入暮年,已很少动笔,感觉迟钝,只好凭记忆写上一些,聊表心意。

　　上世纪 80 年代初期,我国数学和数学教育学术界与西方可以说几乎是没有什么交往的,虽然国家实行了改革开放政策,但是偏重经济等方面,且实行起来,头绪纷繁,困难很多。更何况像数学和数学教育学术界的国际交流问题是不大为人关注的。本书经过多方搜集,详细地介绍了秉彝兄多年来尽心尽力地推动、帮助中国数学界和数学教育界参加国际交流、开展学术研讨等等活动的辛苦和成果。如:推动中国数学会加入国际数学联盟(International Mathematical Union,简称 IMU);在国内广交朋友,努力推动国内数学教育事业活动的开展,推动召开有国际名家参加的区域性国际数学教育会议;帮助国内数学教育界参加国际学术会议并推荐中国学者担任相关职务;推荐国内数学家到与计算机科学有关的国际会议上作演讲。特别值得为人称道的是:他推荐一批青年学者出国深造乃至亲自指导、培养他们成长;长期帮助、指导边远地区发展数学和数学教育。这些工作是很辛苦且劳心费力的,多亏秉彝兄的乐于助人、敢于探索、坚持实干的秉性才得以完成。他真正为中国的数学教育作出了重要贡献,我们不应该忘记这位值得我们学习的朋友。

　　最近召开了中共十九大,大会号召全国人民要为实现两个一百年的伟大中国梦、为建设人类命运共同体而努力。我们数学界和数学教育界应该向秉彝兄学习,努力提高我国广大群众对数学及其应用、数学教育事业在国家建设和文化发展中的极端重要性的认识;在数学及其应用、数学教育事业的互联互通方面努力工作,使她们在国际上发扬光大。

北京师范大学数学科学学院　严士健

2017.12.20

前 言

李秉彝先生是祖籍浙江温州的数学家与数学教育家,他曾经担任过东南亚数学会(Southeast Asian Mathematical Society,简称 SEAMS)主席和国际数学教育委员会(International Commission on Mathematical Instruction,简称 ICMI)副主席。长期以来,他为中国数学尤其是中国数学教育走向世界做了不少的工作;他亲自深入我国西北,为我国西北地区培养数学人才作出了很多贡献;他还带领新加坡数学教师与我国数学教育界进行交流,使中新两国的数学教育界相互之间有了进一步的沟通与了解。特别需要指出的是,李秉彝先生在和我国学者的交流过程中,所体现的数学教育思想对我国学者及教师产生了不少的影响,对我国数学教育改革也很有启发;此外,我国有一批数学教育学者的成长与李秉彝先生具有千丝万缕的关系。他对我国数学及数学教育的影响,我们应该感恩。

2011 年,笔者受托编写了李秉彝先生的相关介绍作为《数学家之乡》(主编:胡毓达,上海教育出版社)一书中的一章。2013 年 11 月,笔者赴新加坡参加了为李先

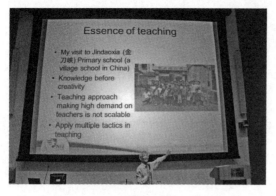

图 1

生举行的 75 岁祝寿活动①,发现李秉彝先生不仅对中国大陆数学及数学教育有影响,而且对东南亚一带的数学及数学教育也有很大的影响! 2013 年 11 月 18 日、19 日,新加坡南洋理工大学的国立教育学院(National Institute of Education,简称 NIE)召开了"第三届李秉彝学术研讨会"。会议开幕式上,播放了由李秉彝先生早期成长、学习、工作的照片编辑起来的视频,宣读或播放了各国数学家、数学教育家的贺信或祝贺视频,这些数学家、数学教育家包括中国的张奠宙、张英伯、宋乃庆、涂荣豹、张维忠、丁传松、吴从炘等,笔者和李先生的一些中国学生专程到会祝贺。李秉彝先生就自己一生工作作了题为"为数学而庆生"(Celebrating Mathematics)的演讲(图 1)。李先生特别提出了希望与参会者共同探讨的新加坡数学教育所面临的一些问题。

* 关于新加坡数学教学内容,李秉彝先生问道:"关于数学运算和推理,我们的教学够了吗?"充分流露出他对基本运算和推理教学可能受到忽视的忧虑。

* 在数学课堂教学改革方面,李秉彝先生担心:"如果对现代教育技术使用不当,很可能会产生一些负面效应。""目前教学大量使用电子技术,今后课本的角色是什么?"

* 关于数学教育理念,李先生认为:"五角框架延续了 25 年,这是世界上少有的。尽管越加越胖,可是仍然有效吗? 值得思考。"

* 关于数学教师的培养,李先生提出:"在关于师范生的课程设置上,有数学教育的课程,也有'教育数学'的课程。大家同意师范生应该多学与非师范专业不同的数学,即使学的与一般本科数学专业相同的数学,也应该在教法上有所差异,我们有共识吗? 我们的共识又是什么? 哪些在职前培训,哪些在学校里培

---

① 该活动记录经过删减后在《数学教育学报》发表(方均斌. 数学教育需要"播种阳光的人"——记"第三届李秉彝学术研讨会"[J]. 数学教育学报,2014,23(3):101-102).

训？这些还没有弄得很清楚。"

李秉彝先生在演讲的最后，对新加坡近50年数学教育改革的历程，总结为3句话：首先，我们只能按新加坡的情形自己探索前进的道路，没有地方可以照搬；其次，我们只能吸取以往的经验和教训，不断总结；第三，通过长期的探索和发展，亚洲已经成为非常活跃的数学教育研究场所，值得重视。

2013年的这次庆生活动笔者很受感动与启发。2018年12月27日是他的80岁生日，作为国内普通数学教育工作者，很想为李先生做点事情以表示感谢！这个想法得到了一批像张奠宙教授等国内学者的支持，同时也得到了华东师范大学出版社倪明老师的大力支持。于是，笔者根据自己的接触及理解，将李先生对我国数学教育所做的工作及影响进行整理，把一些分散在我国国内著作、杂志等文献上的内容、观点聚焦，同时，也糅进笔者及有关学者的相关思考与理解，使读者对李先生有一个整体的印象。

本书分为七章：第一章是"李秉彝生平"，主要是把关于李先生生平部分进行简单的整理，使读者对李先生的学习及工作经历有一个大致的了解；第二章是"李秉彝与中国数学教育"，主要是把关于李先生为中国数学及数学教育走向世界及对国内数学及数学教育所做的工作进行整理；第三章是"李秉彝数学教育观点述评"，把李先生的一些我认为较为典型的数学教育有关论述进行解读，尽管一孔之见，目的是想引发读者产生更多的联想；第四章是"李秉彝在中国的数学教育学术交流"，即把李秉彝先生与国内学者进行数学教育学术交流的一部分典型文献（主要刊登在《数学教育学报》、《数学通报》、《数学教学》等刊物上）进行选择性刊登，供读者参考；第五章"挚友之谊"是国内与李先生有深交的挚友谈与李先生的交往之情，这些挚友都是我国数学教育的著名学者，从他们对李先生的评价中可以窥探出李先生的为人与做事风格；第六章是"师生之情"，记录了一些国内与李先生有密切接触的学者以学生身份的视角谈对李先生的评价；第七章则收录了李先生关于东南亚数学教育的一些回忆，从中可以看到他对数学及数学教育关注的深度及广度。

本书受到严士健、张奠宙、丁传松、唐瑞芬、宋乃庆、涂荣豹等数学及数学教育前辈的指导，也受到范良火、倪明、李俊、巩增泰、叶国菊、黄燕苹、江春莲、吴颖康、黄兴丰、金海月等学者的大力支持，此外，杭州大关中学的方铭老师以及温州大学数理与电子信息工程学院硕士研究生赵丹慧、金佳瑜、林云霞、赵饶、吴应鹏都为本书部分内容的翻译、校稿等做了很多的工作。也正是因为李秉彝先生是一位"播种阳光的人",所以,很多人都非常愿意帮忙,特别是与李先生有过接触的友人(如2014年笔者为撰写该书稿而访问西北师大数学与信息科学学院的时候,除了丁传松、巩增泰老师参加以外,还有王才士、乔锐智和他的女儿乔菲等人,学院的其他老师还为本次采访活动进行了拍摄等素材采集),他们更愿意为本书提供相关信息,对本书的出版予以支持,这里一并感谢!

　　由于李秉彝先生为人低调,一再吩咐写作要"多用动词和名词,少用形容词和副词"。所以本书由他审阅并且删除了很多笔者及一些学者发自真诚感受的"形容词和副词",相信读者在阅读的时候能够体会得到。如前所言,笔者与李先生接触非常有限,加上文笔不像从事文学创作行业的作者那么有风采,难免在撰写的时候出现一些文句晦涩以及因眼界有限而导致的疏漏等缺陷,敬请读者谅解!作为国内普通数学教育工作者,试图用本书对李秉彝先生为中国数学及数学教育所作的贡献表示感谢!也想把本书作为我国数学教育发展历程记录的资料惠存。

方均斌

2017年9月于温州大学

第一章

李秉彝生平[①]

李秉彝先生在新加坡南洋大学校门前

　　尊敬的读者，本章是为了让您对李秉彝先生的生平有一个大致的了解，或许能够帮助您找到李先生为什么对中国拥有如此深厚情怀的一些"蛛丝马迹"。本章主要按李先生成长过程的时间顺序编写：少年时期—高校求学—高校工作—走向世界。由于李秉彝先生阅历极其丰富，限于篇幅、本书主旨以及笔者所了解到信息的局限性，只能做一个简要介绍。

---

① 本章曾经作为手稿被《数学家之乡》(主编：胡毓达，上海科学技术出版社，2011)参考。

第一节 少年时期

1938 年 12 月 27 日,李秉彝出生在新加坡的一个华商家庭。父亲李思寅 14 岁到南洋,经商,会八种方言,晚年经营黑人品牌牙膏,至退休为止。李秉彝的父母皆为温州市苍南县金乡镇人。据母亲彭美玉说,李先生家族是戚继光派到金乡镇打倭寇的 18 个指挥之一的后代。

由于二战原因,新加坡很多小孩都错过了求学的最佳时间,李秉彝也不例外:他 8 岁时才在新加坡工商小学就读,但由于该校一、二年级没有学额,他便直接进入了三年级,并在 1946 年到 1949 年的三年中度过了他的小学时光。1950 年,李秉彝进入了新加坡的中正中学,在这个学校完成了他的中学求学阶段,直到 1955 年毕业。

在家庭及新加坡的特殊语言环境下,他在中学之前就学会了普通话、广东话、闽南语、苍南金乡话、上海话和马来语,能够听懂潮州话和客家话。据他本人回忆,在家教方面,父亲不仅在语言方面对他产生很深的影响,而且在如何做人方面更是谆谆教诲:待人以诚,遇事勿贪。在接受学校教育方面,李秉彝先生说,他深受他的高中数学老师彭垂裳(福建人,曾任新加坡中正中学校长、教务主任[①])的影响。彭老师退休后回到厦门,定居在鼓浪屿,李秉彝在 1993 年的厦门会议期间还专程登门拜访了他。

第二节 高校求学阶段

李秉彝于 1956 年进入新加坡南洋大学,并于 1959 年毕业,他是这所学校的第一届毕业生。大学期间,他延续着自己对戏剧的爱好(他从初中一年级开始就对戏剧感兴趣)。他笑着回忆说:"在年轻的时候,我的第一个经验不是数学。我在中学,以及在大学的时候,花最多时间的是在表演艺术上,十年,整整十年。那十年里面,我做的就是表演艺术。所以我真正的出身,不是数学,而是表演艺术!""我在学校里面注册的不是数学,而是表演艺术。有关表演艺术

---

① 芙蓉网.国光中学创校至现任领导. http://www.fu-rong.cn/shtml/304/

的东西我什么都做过,演员、导演、舞台、后台、前台等都做过。我还是学生戏剧会的主席。""我还在学校念书的时候,很多老师都以为我是念文学院的,没有人知道我是念数学的。他们认为,搞表演艺术的一定是文学系毕业的,不可能是数学系的!"2017年5月,笔者询问他:"学习戏剧表演给您今后的工作带来了什么启示?"得到的回答是:"怎么样处理事情啊! 头一个问题是我不跟你对立,我要跟你站在一边。""因为我(学)演戏的时候,我是从演员开始的,后来我不做演员,因为你一直当演员之后就有个问题:你仅把演员做好,其他事情可能很难做好,也就是不能够做更多事情了。我只是化妆不会做而已,台前、台后和导演我都做过,这些东西都做的话,你需要处理很多很多的事情,这些事情都是跟人打交道的,所以就学到了不少的东西。你让我一一列出来不太容易,但是隐隐约约是有感觉的,我工作中的一些本领都是从那里学来的。"

在学习数学方面,他有一个与目前国内很多大学生似乎相悖的理念:"读书不是为了考试,有考试的内容要读,没有考试的内容照样要读。知识像一张网,如果你仅是为了考试而读书,那么,你没有读到的东西会成为这张网的一个漏洞,一些鱼就会从这里跑掉!"所以,他把整本数学书中的题目全部做了详细解答,他说:"我现在还保留着当年的课本题解!"他还介绍了一个有趣的事实:当寝室里的同学读书时,他在睡觉;当其他同学睡觉时,他开始读书。对此,他解释道:"我们要读三科:数学、物理、化学,那个时候书很贵,一碗咖喱饭才3毛,但一本书就需要30块! 所以,我们每人只买其中的一本,然后三个人轮流学习,于是就出现了这个现象。"李秉彝有个与众不同的习惯,每次考试完毕,就加班加点地读书,因为这个时候其他同学买的书"刚好都有空",他说:"此时不读,更待何时?"一方面,他读书的目的不是为了考试,另一方面他是为了充分"利用资源"。他称之谓"这是在当时的读书条件下,不是办法的办法"。

按照他的说法,他选择数学是"顺着最容易走的那条路走下去(Going down the part of least resistance)",他说:"你一定要找一些比较容易做的事情,比较容易念的书。你去念化学、物理等专业,实验所花的时间得很长,我选择数学,是因为数学干脆。我自己觉得读数学比起其他专业要容易一些。"1961年9月,李秉彝考取英国女皇大学数学系的硕博连读研究生,硕士与博士阶段的导师为同一人,都是亨斯托克(R. Henstock,1923—2007),他是广义积分——亨斯托克积分(Henstock Integral,下称 Henstock 积分)的创始人。

早期新加坡的华人学校是用中文教学的,新加坡南洋大学是一所典型的华人大学,实际上,李秉彝在新加坡国内接受的都是纯正的华语教育。刚到爱尔兰时,他遇到了语言上的障碍。博士生金海月说:"我刚来新加坡的时候,李老师曾用他当时学习语言的经历来鼓励我。早期新加坡的华人学校是用中文教学,所以李老师到国外求学期间也遇到语言上的困难。他说,所幸纯数学对语言的要求不是很高,对于学习没有什么影响。但在日常交流上,开始有一段时间他很少开口讲话。他会随身带着小辞典和笔记本,大街上的广告牌、传单等都是他学习语言的途径,看到不认识的,马上拿出辞典找。他说,尤其是这些广告或者报纸上的标题,会用最简短的语言来表述意思,很值得学习。""李老师会法语。当初接触法语是在硕博连读期间。第一次见导师,导师带他到图书馆给他介绍参考资料。随手拿了几本书给他说,这些都很值得读。他的导师没有意识到李老师不会法语,这些资料很多都是法文的。李老师什么也没有说,回来买了法文辞典和笔记本,硬是把这些书啃完了。这样的毅力,现在的年轻人中有多少人能做到? 一个人的付出往往也决定了他的收获。"此外,他还学过日语、俄语及西班牙语。

李秉彝的导师亨斯托克是英国著名的数学家,以他和捷克数学家科兹威尔(J. Kurzweil)的名字命名的亨斯托克—科兹威尔积分(Henstock-Kurzweil Integral)在国际数学界产生了深远的影响。李秉彝很敬重他的导师,由于导师每两周只和他谈话一个小时,他知道导师的时间宝贵,每次和他的导师交流前,他都把自己想提的问题记录在纸上以提高效率,尔后自己认真钻研,李秉彝撰文说,导师和自己当时讨论的难题在 20 年后(1984 年到 1989 年期间)由李先生自己和他的学生全部都解决了[①]。就这样,通过不断的努力,李秉彝在实分析尤其是在非绝对积分上具有较高的造诣,这为他在中国兰州大学传播 Henstock 积分打下了坚实的基础。由于家庭不很殷实,家里只给他 3 年的学费和生活费,李秉彝是在导师的资助下完成第四年学业的。

---

① LEE P Y, The integral à la Henstock. Scientiae Mathematicae Japonicae, 2008,67：13-21.

第三节　在高校的工作简历

通过自己的努力,李秉彝顺利获得了英国女皇大学数学博士学位,并于1965 年 9 月毕业,他的毕业论文是关于算子方面的研究。那时,世界发生了剧烈的变化,很多非洲国家纷纷独立,这些刚建立起来的国家,人才奇缺。他选择了中非国家马拉维的一所大学——马拉维大学(University of Malawi)工作。这在当时引起了轰动,因为当时在英国很少有人愿意到这些世界极贫困的地区工作。李秉彝开玩笑说:"我的一些几十年的老同学,见面时,几乎把我什么都忘光了,只记得我到过非洲!"

两年后,李秉彝到了新西兰,在奥克兰大学工作了三年半时间。1971 年他收到新加坡南洋大学的邀请函,就"顺水推舟"地"朝阻力最小的方向"回到了阔别十年的故土——新加坡。以后,如果有学生向他咨询是否换一个工作的时候,他就会开玩笑地问道:"人家有没有请你?"在他的理念里,如果人家有邀请,说明将来的工作具有良好的开头,阻力也会小一些。

1971 年到新加坡后,李秉彝先后就职新加坡南洋大学(1971—1981)、新加坡国立大学(1981—1994)、南洋理工大学下属国立教育学院(1994—　),出版有关 Henstock 积分中英文著作多种,发表学术论文一百余篇(详见本书附录)。

第四节　走向世界

李秉彝在读书期间的爱好和组织能力,加上他在非洲、新西兰的工作经历,使他的工作如鱼得水,他懂得的近十来种语言更是让他的工作"没有阻力",他就凭着语言方面的"天赋"和优秀的组织能力又一次"朝阻力最小的方向"发展——为新加坡的数学和数学教育走向国际尽自己的努力。

上世纪 70 年代以前,东南亚各国的数学和数学教育的联系很松散,随着东南亚各国的战后独立,以及经济的崛起,东南亚国家联盟,简称东盟(Association of Southeast Asian Nations,简称 ASEAN)的成立,使得东南亚国家相互之间的各方面交往活跃了起来,教育也不例外。

李秉彝从学生时期就开始对数学教育感兴趣,他大学毕业后曾在自己的母校中学教过书。李秉彝回新加坡后觉得,自己也算是"走过南闯过北"的人,却对自己的"隔壁邻居"——东南亚其他国家一点儿也不了解。于是,在 1971 年年底,他就向校方提出要到东南亚各个国家走走。校方给予了支持,提供了一千新币。他很幽默地说:"那个时候走很简单哦!当自己到一些东南亚地区的学校,就敲门:'我是李秉彝,新加坡来的!'就这样,从那时开始,菲律宾、中国香港、泰国,后来马来西亚、印尼……就一发不可收拾!然后去菲律宾开课,去印尼收学生,这样一步一步,不过都是愉快的呀!所以我现在国外的学生最多的还是菲律宾的,接下来是中国和印尼的。"他工作的第二年(1972 年)8 月就自己到英国的埃克塞特参加第二届国际数学教育大会(ICME - 2,其中 ICME 是 International Congress on Mathematical Education 的简称),当时,一些同事觉得很奇怪:"你数学都忙不过来,还去管这些闲事做什么?"其实,刚开始参加工作,李秉彝看到东南亚数学及数学教育犹如一盘散沙时,就有个雄心:"何不把亚洲的数学及数学教育界联合起来?"他当时决定从东南亚开始做起。于是,就有了向校方筹款到东南亚各国游说及参加国际数学教育大会(International Congress on Mathematical Education,简称 ICME)的一幕。

到 1972 年,在李秉彝与新加坡南洋大学郑奋兴(Teh Hoon Heng)、香港大学黄用诹(Wong Yung Chow)、菲律宾国立大学尼贝雷斯(B. F. Nebres)、印度尼西亚万隆工学院阿里芬(A. Arifin)、泰国朱拉隆功大学逢椰宋弼、越南胡志明大学陈云城及河内大学范启安等教授的努力下,东南亚数学学会成立了(应该说,李先生是东南亚数学及数学教育发展的见证人及有力的支持者,详见第七章)①。

李秉彝在国际数学活动中发言

① 东南亚数学学报(Southeast Asian Bulletin of Mathematics). http://www.sms.ynu.edu.cn/seamb/intro.html.

正是这一届 ICME 在李秉彝等人的积极努力下创办的东南亚数学会,使得新加坡南洋大学的纯数学工作在东南亚乃至世界有了广泛的影响。1973年 5 月 12 日,在南洋大学第十四届毕业典礼上,理事会主席黄祖耀先生发表十年发展计划建议书,该建议书宣称:"南大的数学系在纯数学方面已博得声誉。"①

在李秉彝、菲律宾的尼贝雷斯教授(李秉彝先生与尼贝雷斯交往甚深,详见第七章)、国际数学教育委员会的秘书(1975—1978)河田敬义(Y. Kawada)教授的具有开创精神的一系列工作的指引下,1978 年,首届东南亚数学教育大会(SEACME - 1,其中 SEACME 是 Southeast Asian Conference on Mathematical Education 的简称)终于在菲律宾的马尼拉举行②。从相关资料研究得知,人们对这届会议的评价是:这不仅仅是一次会议,它更引发了后续的一系列的活动、研究、工作以及东南亚数学教育的相关行动,极具开创性意义。李秉彝也正是由于自己在东南亚数学及数学教育的一系列开创性工作,赢得了东南亚数学及数学教育工作者的尊重(笔者于 2013 年 11 月参加旨在为李秉彝先生祝寿的"第三届李秉彝学术研讨会",来自东南亚的诸多学者都参加了这次会议),他于三年后的 1981 年担任了东南亚数学会主席(关于李先生在东南亚数学及数学教育的相关活动除了菲律宾以外,他在印尼也投入了很多的精力,读者可参阅第七章)。此时,李秉彝的眼光也瞄准了整个亚洲,首当其冲的是他的故乡——中国。

1980 年,他随团访问中国。1983 年他应华东师范大学的邀请到上海访问讲学并认识了张奠宙先生,后因张奠宙教授的介绍认识了在西北师范大学工作的丁传松老师,并获聘西北师范大学荣誉教授(1985),期间指导过二十多位博士生,这是他早期在中国大陆的一项重大工作。这段时间,他担任国际数学教育研究会副主席,担任过东南亚数学会主席,为中国数学走向世界牵线搭桥并对数学

---

① 南洋大学历史年表. 第二期:从争取学位受承认到改制(1959—1974). http://www. geocities. com/nantah1955/nianbiao/nantah/index02. html.

② LIM T, KHOH S. ICMI Activities in East and Southeast Asia: Thirty Years of Academic Discourse and Deliberations. http://math. nie. edu. sg/people/acad/staffdetail/lim-teosuatKhoh. html.

教育走向世界作出了不可小觑的贡献。1994 年卸任国际数学教育研究会副主席一职之后,他对中国大陆的工作主要是学术访问,而且常带新加坡老师一起与中国大陆进行学术交流与沟通。最近的一次是 2017 年 5 月,他应邀访问华东师范大学并讲学。

第二章

李秉彝与中国数学教育[①]

1993年，李秉彝先生与厦门国际实分析会议代表合影

　　李秉彝先生早期接触中国是以数学为开端的，他在接触的过程中逐步关注数学教育，这与华东师范大学的张奠宙教授的兴趣不无关系。总结李先生与中国大陆近40年的交往过程，他对中国数学及数学教育的贡献主要分为这样的三个方面：一是助推中国数学及数学教育走向世界；二是参与中国数学人才的培养；三是架构中新数学教育交流的桥梁。在这些过程中，他的数学及数学教育思想对中国数学教育产生了很大的影响，我们从中选择了部分内容在后面一章做专门介绍。此外，李秉彝先生多次到我国交流，本章附录把他在我国的交流活动以"访华年表"的形式罗列出来，有兴趣的读者可根据这个年表去进行研究，也希望知情的读者把本书中所疏漏的内容进行补充并与笔者联系，以进一步完善本书，先在这里表示感谢！

[①] 本章部分内容曾经作为手稿被《数学家之乡》（主编：胡毓达，上海科学技术出版社，2011）参考。

第一节　从数学界开始的破冰之旅

李秉彝先生在接触中国之前对中国的数学及数学教育所知甚少,但他从小就听父母对中国大陆的相关情况介绍,这使他很是向往去进一步了解中国;工作期间,他通过参加国际相关的学术活动,多多少少了解了中国大陆的一些情况,知道把这个世界上人口最多的国家引向世界是一件很有意义的事情,于是他就想在这方面做一些工作。他首先想到的是要认识中国数学界的一些人,然后再根据具体情况而定。

一、1980 年随东南亚数学会第一次访华

1980 年,中国刚改革开放,对外交往的很多环节还没有完全展开,入境审查非常谨慎,有诸多的限制。尽管中国向东南亚数学会提出邀请,但新加坡和中国还没有建立外交关系(中新在 1990 年 7 月 1 日才建交),李秉彝到中国访问面临困难。李秉彝就把父亲的家书翻出来,发现有一封是他在温州苍南的小姑妈写给父亲的信,信中小姑妈提到了邀请李秉彝到家乡玩的情节,他如获至宝,就拿着这封信到中国在新加坡办事处申请。也正是因为这封家书,他找到了"没有阻力的路",让李秉彝打开了"与中国数学和数学教育联系的大门",也有了把中国数学会及数学教育学会引向世界的可能。1980 年,李秉彝随东南亚数学会代表团第一次访华(共四人,其中两位是来自菲律宾、泰国的数学家,还有一位是中国香港的数学家),当时,他们受到了中国科学院应用数学所副所长王寿仁(代表数学会)和中国科学院数学研究所副所长田方增(代表研究所)的接待,同时还会见了我国著名数学家华罗庚。

此次访问,他们到过北京、济南、上海、广州等地。访问过程的所见所闻,给李秉彝留下了难忘的印象,开始了他与中国同行建立深厚友谊的历程,也使得他更加坚定了把中国数学及数学教育引向世界的决心。

二、1983 年邂逅数学家张奠宙

1983 年,经过去新加坡访问的管梅谷介绍以及应董纯飞的邀请,李秉彝访问了华东师范大学数学系,接待他的是俞鑫泰教授。管梅谷、董纯飞和俞鑫泰教授的研究方向是"巴拿赫空间理论"。那时,华东师大的张奠宙先生研究算子谱

论,在大方向上与空间理论同属"泛函分析"领域。于是,张奠宙与李秉彝两位先生也彼此熟悉起来,开始了他们此后几十年的友谊。

李先生对中华文化非常熟悉。知道上海有一种土生土长的滑稽戏(讲上海及其附近的方言)。喜欢戏剧艺术并懂得多种方言的他,自然十分向往。于是,张奠宙先生就陪他看了一场。

张奠宙老师回忆起那天的情景:"那是一个晚上,下着毛毛细雨。在一个剧院里看完后等出租车,已经近 11 点了。1983 年的上海,路灯灰暗,出租车非常少,不能招手即停。于是我用程其襄老先生提供的优待卡号码,打公用电话,要出租车公司 11 时派车到国际饭店来接。我们在那里等车,自然会进行上海与新加坡的对比,抱怨上海的服务行业的落后。当时秉彝先生对我说:'只要 20 年,中国 20 年后会强大起来。新加坡发展起来也不过 20 年,20 年可以做很多事。你相信吗?'我当时将信将疑,未置可否。现在看来,秉彝确实是有远见的,他在真心实意地为中国的未来祝福。"

三、为中国数学会与国际数学联盟(International Mathematical Union,简称 IMU)搭桥

中国数学走向世界与李秉彝的工作分不开。美国学者奥利·莱赫托(O. E. Lehto)(前国际数学联盟秘书长)在《数学无国界——国际数学联盟的历史》一书[①]的"6.2 中国的会籍问题"中描写道:"中国数学会理事长华罗庚通知埃克曼(Eckmann)说中国决定加入联盟(编者注:国际数学联盟,以下简称联盟)。递交了中国数学委员会的组成名单,并表示希望加入最高级别的第五小组。华在信的结尾中声称,中华人民共和国的中国数学会应视为中国的唯一合法学术团体,台湾地区没有资格代表中国。"而在"10.6 中国加入联盟"这节中描述道:"由于台北不接受这种方式,所以 1982 年 8 月在华沙举行的联盟会员全体大会上没有讨论中国的会籍问题。不过,中华人民共和国根据联盟的要求派观察员出席了华沙大会。联盟的代表与这个代表团的成员以及与来自这个台北的代表

---

① 奥利·莱赫托. 数学无国界——国际数学联盟的历史[M]. 王善平,译,张奠宙,校. 上海:上海教育出版社,2002.

进行了大量的接触。新加坡的代表李秉彝——他是东南亚数学会主席——也参加了讨论。大家同意双方向各自的组织商议,在得到答复后联盟执委会才着手处理此事。"河海大学理学院数学系教授、博士生导师安天庆在《祖国统一大业,先从数学开始——中国加入国际数学联盟的过程简介》一文中写道:"中国数学会于 1935 年 7 月在上海成立。1949 年之后,由于历史的原因,中国大陆和中国台湾分别有一个数学会。新中国数学会(中华人民共和国成立后的中国数学会)成立于 1950 年,但与国际数学联盟长期没有联系。1986 年以前,国际数学联盟中的'中国席位'由中国台湾的数学会占据。1980 年之后,中国数学会开始与国际数学联盟接触。1982 年,受联盟秘书长利翁斯(J. L. Lions)的邀请,中国数学会派人参加了在波兰华沙召开的第九届国际数学联盟会员国代表大会,就加入国际数学联盟事宜,与联盟领导人和中国台湾方面的代表进行了协商,提出了初步方案。之后,有关各方在一个中国的前提下,摒弃对立思维,以互相尊重、顾全大局的态度,进行了多次磋商。值得一提的是,除了中国大陆数学家的辛勤努力之外,一些海外数学家,如数学大师陈省身、国际数学联盟主席莫塞尔(J. Moser)、东南亚数学会主席李秉彝等也做了大量协调工作。"①丁传松老师说:"中国数学会在国际上恢复席位的过程中,李秉彝先生所做的工作是非常值得肯定的。以他的特殊身份(东南亚学会理事长),以他的特殊人缘(与中国大陆和中国台湾双方负责人有私交),以他在会谈上的角色,对中国数学会的贡献极大,除了场面上所发生的事情外,还有一些场面外的鲜为人知之事。"这里不妨摘录华东师范大学数学系的吴颖康老师采访李秉彝先生的记录②:

吴:Prof. Lee,您好!《数学无国界——国际数学联盟的历史》一书中提到
　　您为中国数学会加入国际数学联盟做了大量协调工作。能具体谈谈当
　　时的情况吗?

李:那是在 1982 年的波兰华沙。IMU 希望中国能够加入,但台湾已经是
　　IMU 的成员。问题是不把台湾"退市",而把中国带进来,这是一个

① 安天庆.祖国统一大业,先从数学开始——中国加入国际数学联盟的过程简介[EB/OL].(2009-6-13). http://www.sciencenet.cn/m/user_content.aspx? id=237983.
② 吴颖康,李秉彝.中国数学与数学教育的国际化进程——与李秉彝教授的访谈录[J].数学教学,2011(11):1-4.

deadlock(死结)。当时刚好我在华沙。IMU 的前秘书长利翁斯叫我帮忙，他非常信任我，说让我试一试，两家人坐下来谈谈。

吴：哦，1982 年在华沙谈的，中国派的代表是谁？

李：中国派的是王寿仁和杨乐。中国的立场是，中国进去(IMU)的话，台湾必须出来。台湾的立场也是只有一个中国。所以我就跟利翁斯讲，他们同意了，都是一个中国，这个中国包括中国大陆和中国台湾，一个中国两个地址。

吴：一个中国两个地址，这个办法是您想出来的？您与中国大陆和中国台湾就这个"一个中国两个地址"的构想讨论过吗？

李：他们都同意。加入 IMU 后，中国有 5 票，其中中国大陆 3 票，中国台湾 2 票。

吴：IMU 中每个成员国都有 5 票？

李：有 1 票、2 票、3 票、4 票、5 票，根据国家的大小、数学家的人数、层次等决定。中国是大国，肯定是有 5 票。

吴：分成 3 : 2 的比例是谁建议的？

李：我建议的。

吴：您花了多长时间来做成这件事情？

李：一两天吧。

吴：那还是比较顺利的吧？

李：算是比较顺利。我想这个事情谈成有两个因素。第一，大家都同意一个中国，虽然两家讲的话意思上并不一定完全一样，但精神是一样的。我们就抓住这一点，两家都同意，这件事情就谈成了。第二，一个中国两个地址，这个投票权就按票数分，1 就是 1 个投票权，2 就是 2 个投票权，5 就是有 5 个投票权，所以就三比二，这件事情就基本上落实了。但是真正落实的时候不是在华沙，而是在四年以后的 1986 年，在美国加州大学伯克利分校(简称伯克利)举行的国际数学家大会上落实的。那个时候中国大陆杨乐有去，中国台湾好像是赖汉卿。

吴：真正落实是什么含义呢？

李：真正落实是 1986 年在伯克利，中国正式成为 IMU 的一个成员，这里的中国包括中国大陆和中国台湾。

吴：张奠宙先生说中国首先在数学上得到了统一，这是很有意义的一件事情。

李：是很有意义啊，凭据就是一句话"一个中国，两家同意"。这个很简单嘛，两家同意，这个也很有意思，就是讲你怎么样在不同的地方看到一致的地方。大家都同意只有一个中国。当然还有很多其他细节，就不讲了。

吴：从1986年开始，中国正式参加了IMU的一系列活动。那么，中国台湾和中国大陆在数学方面的交往是不是在中国加入IMU之后就变得比较频繁了？

李：到目前为止还不是很多，但是民间的是有的。接下来的一件事情，1986年在伯克利的时候，杨乐在，赖汉卿在，我们计划共同组织一个会议，就刚才你问的问题啦，杨乐和赖汉卿握手，就是同意要筹办一个共同的会议。

吴：就是中国台湾和中国大陆一起……

李：联办。

吴：是地区的会议还是一个国际会议？

李：这又是一个问题了。在中国大陆举行吗？不可以。在中国台湾举行吗？也不可以。

吴：那放在哪里举行呢？

李：在新加坡举行吗？不合适。后来在中国香港举行，扩充为亚洲数学大会，1990年在中国香港举行的。关键的地方在哪里呢？关键的地方是举行会议的话，你那里谁来，我这里谁来，这是很关键的，所以为了这件事情，我中国台湾走了一趟，中国大陆走了一趟。基本上把所邀请的人数和演讲都定下来，然后中国香港的朋友就按这个数目，邀请双方代表，当然也邀请东南亚的其他数学家，把它扩大了。这其实是第一次正式的两家合办的第一个会议。这就是第一届亚洲数学大会。这个亚洲数学大会一直延续到今天。最近的一次是2009年在马来西亚举办的，下一次是2013年在韩国开。

四、中国数学人才的合作培养

说到参与培养中国数学人才,得提起华东师范大学的程其襄(1910—2000)教授。程其襄先生留学德国十余年,是洪堡大学的博士。他专攻函数论,也喜欢考察各种积分理论。1954—1956年间,程其襄先生主持了"数学分析研究生班",张奠宙和丁传松是班上的两名学生。1979年,时任西北师范大学数学系主任的丁传松,邀请程其襄和张奠宙访问。程其襄先生所作的学术报告,就是介绍李秉彝的英国导师亨斯托克的积分理论。Henstock积分是一种比黎曼积分和勒贝格积分还要广的积分,它能够弥补勒贝格积分的一些不足。丁传松听了程其襄老先生对 Henstock 积分的报告后,很感兴趣。但由于资料缺乏,信息不灵,也就没有深入研究下去。

之后,李秉彝来到华东师大,知道程其襄先生了解 Henstock 积分,高兴万分:知音难觅!

西北师范学院名誉教授聘书

李秉彝的学术演讲有两个课题:序列空间和 Henstock 积分。巧得很,他和程其襄、张奠宙有了共同的学术兴趣。这一学术缘分一路继续。1984年,在山东烟台举行的一次泛函分析会议上,张奠宙告诉丁传松,说李秉彝是亨斯托克的学生。于是,丁传松对 Henstock 积分的研究激情重新燃起,接着他向李秉彝发出了到西北师大传经送宝的邀请,李秉彝欣然接受,这就开始了李秉彝通往西北的十年之旅。

当笔者提出要写李秉彝在兰州相关活动的时候,已经退休在家的丁传松老人感慨地说:"终于有人要写他了,我的心愿也了结了!"

据李先生回忆,他收到的丁传松老师的第一封邀请信中,丁老师没说太多,只是要他去兰州讲课,但他被丁老师的绝好文笔和真诚的口吻吸引了。丁老师开始跟他说一天讲两节课,李秉彝以为一节课时间是一个小时,后来才知道不对。他开玩笑说:"我上当了! 原来一节课是两个小时,两节课就讲四个小时,还包括星期六、星期日! 所以我连续讲了二十一天的课,在兰州呀,真是破纪录了!"李秉彝从此就和丁传松建立了深厚的友谊,他还和丁传松签定了"兰州协议",约定"互不道谢,互不送礼"。

李秉彝与兰州讲座的学员们(1985 年 11 月,摄于兰州)

李秉彝与丁传松(1985 年 11 月,摄于甘南师专) 李秉彝与丁传松、李正红、周选星(1989 年 11 月,摄于嘉峪关)

从 1985 年至 1995 年,李秉彝每两年去"兰州积分班"(李先生这么称呼这个班)讲一次课,他信守诺言,如约而至。1993 那年,全班学员去了厦门,参加兰州积分班主办的积分国际会议。李秉彝最近一次访问兰州是在 2003 年。

在这期间,李秉彝帮助兰州培养了七位博士生,至今他还和他们保持着密切的联系。这七位博士中,有三位还在兰州(李宝麟、巩增泰、王才士),另外四位分别在南京(叶国菊)、北京(刘跟前)、福州(姚小波)和新西兰(廖可诚)。他撰写了

《兰州讲义》(*Lanzhou Lectures on Henstock Integration*. World Scientific, 1989)。他和丁传松合写了《广义黎曼积分》(科学出版社,1989),当时80岁高龄的程其襄老人还为这本书作序,序中提到:"这里要特别提到新加坡国立大学李秉彝教授的贡献。他曾经担任东南亚数学会长,现任国际数学教育委员会副主席,是一位国际性人物。他又是亨斯托克的高足,当然深得广义黎曼积分的真传。在遍访京沪之外,还仆仆风尘,深入西北地区培养研究生和青年教师,对于开发'积分论'的研究,贡献莫大焉。因此,把丁传松和李秉彝合著的这本《广义黎曼积分》看作中国和新加坡两国人民友谊的一种结晶,我觉得是很合适的。"

李秉彝授课幽默风趣,他能够把深奥的数学用浅显的道理道出,按照他的说法,对普通人讲的要是"儿童版"数学。而且他在授课时体态动作非常丰富,这与他长期练习戏剧表演不无关系,他的课吸引了兰州附近高校的很多教师,甚至来自全国的诸如天津、青海等地的高校教师。李秉彝每次访问时间都是在深秋初冬交接时期,西北天气已经很寒冷了,曾经达到零下10摄氏度,这对生活在常年平均温度28摄氏度左右的新加坡学者是一个艰巨的考验。他不顾寒冷到这些边远地区给教师授课,讲课认真,这对一个海外学者来说实在难得!

李秉彝的丰富教态(2008年11月,摄于温州大学)

丁传松老师在给笔者的 E-mail 中写道:"1985 年李秉彝来兰州讲学,但当年兰州交通状况、生活条件很差,与外界交流很少,为做好这次讲学的准备工作,兰州调动了省内外各高校同行教师来学习。11 月份,这位赤道来客到兰州下飞机第一印象就是迎面寒风,来不及更衣换装,他就开始了工作。他的家人尤其是父亲全力支持他来兰州。因为中国西部地区资料缺乏,1984 年他在新西兰学术讲学时,专门为兰州写了《非绝对积分讲义》,这成为了日后在新加坡世界科学出版社出版的《Henstock 积分兰州讲义》的原型,许多国外同行都查阅过这本著名的兰州讲义,却不知道'兰州'是个什么地方,在哪个地区?""讲学不仅轰动了兰州各高校,还延伸到周边各地,如西安、西宁、武汉等地,以及省内的天水、庆阳、嘉峪关、敦煌、甘南,各地都纷纷要求他去讲学。这成为他每隔两年要来甘肃一次的原因,并且是条件更为艰苦的边远山区。凡是有数学系的地方,都有他的声音与足迹。达十余年之久。"

在这十年里,他帮助兰州老师进行相关研究,并把实分析相关的研究结果发表在美国的《实分析交流》(*Real Analysis Exchange*)期刊上,数量有几十篇,另外,还有好多老师关于积分的文章,在李秉彝的指导下在各种杂志上发表。他还帮助西北师大和有关师专确立数学教育研究课题,提供有关数学教学研究的大量信息与资料,为国内学子到新加坡深造牵线搭桥,介绍国际教育委员会成员来了解中国,了解西部高校,为中国数学走向世界尽了一位华侨学者的心意。

其实,李秉彝不仅在兰州做了很多工作,他与全国各地都有广泛的联系。例如,1991 年在天水做完讲座后,就风尘仆仆地赶往淄博继续他的传经送宝工作。丁传松老师说:"由于他的工作在西北各高校卓有成效,他被聘为西北师大等几所高校的名誉教授;其实他的足迹遍布大陆各地,所到之处,都有相应成果,如与广州华南师大合作出版《序列空间》,与哈尔滨工大合作出版《奥列奇空间》等,因此,聘他为客座教授的高校很多。"2008 年 11 月,他到浙江宁波、温州和上海华东师大做过讲座;2009 年 6 月,他到西安、南京也做过学术交流,这两次到中国,都有其他新加坡的朋友们同时来访,为年轻一代加强沟通做好了铺垫。2013 年 6 月 15 日—16 日,他到上海参加华东师范大学举办的"未来十年中国数学教育展望学术研讨会",之后又风尘仆仆地赶到温州参加了在温州大学举办的"2013 年温州大学国际数学教育研讨会"(2013 年 6 月 18 日);2017 年 5 月 16 日—26

2013 年，ICMI 的 5 位华人执委合影

（左起：张英伯，梁贯成，张奠宙，李秉彝，王建磐）

日，他应华东师范大学的邀请到数学系讲学。

丁传松老师在笔者征询其关于李先生在国内活动的情况时说："他到国内，来兰州次数最多，其他各地不少，如广州、哈尔滨、西安、南京等，一一提到也有难处，可否用他的朋友遍天下或者广交朋友概括之？"

五、数学领域的合作研究

李秉彝先生在纯数学方面的研究方向是积分理论，他除了在新加坡以及其他一些国家发表自己的研究外，从上世纪 80 年代参与中国西北地区博士生培养

1991 年，李秉彝在淄博讲学

2017 年 5 月 17 日，李秉彝在华东师范大学为研究生讲"折纸中的数学问题"

以来,先后与丁传松、叶国菊(包括与其导师吴从炘)、陆式盘、焦开梅、马振民、刘
跟前、陆继坦、赵东升、李宝麟、姚小波、许东福等合作发表著作及论文(详见本书
"学术成果"附录)。改革开放后不久,我国学者英文能力以及对国外情况了解均
有待提升,而李秉彝先生具有扎实英文功底以及国际视野,这种合作研究大大促
进了国内学者的成长,意义非同小可!

第二节　助力中国数学教育国际化

李秉彝先生以数学为切入口与中国学者交流,他与张奠宙先生对数学教育
都非常感兴趣,他们的合作眼光逐步投向了数学教育。于是就有了李先生开展
把中国数学教育引向国际的一系列工作,其起始点是在中国举办数学教育会议,
然后慢慢地使中国数学教育与国际进行接触并最终走向国际。

一、在中国举办数学教育国际会议

李秉彝先生深知,中国数学及数学教育界要走向世界,需要扩大与国际的联
系,其中最为重要的举措是在中国本土举办相关的国际学术会议。这些会议中,
最为典型的是1991年在北京举办的"国际数学教育北京会议"、1994年在上海
举办的"94'上海数学教育国际会议"以及2002年在重庆举办的作为"国际数学
家大会卫星会议"之一的"21世纪数学课程与教学改革国际学术研讨会",李秉
彝先生为这些会议的准备可谓尽心尽力! 当然,他是一位聪慧的组织者,从亲自
联系和参与筹备1991年的"国际数学教育北京会议",到逐步放手给张奠宙①的
1994年上海会议,再到仅以"出席者"的身份参加的2002年重庆卫星会议。
这里,主要对1991年北京会议和1994年上海会议做一些介绍,其中北京会议
内容转自笔者在《数学通报》(2012)的文章,上海会议内容则为张奠宙先生所
提供。

---

① 张奠宙先生是1994年上海会议的主要负责人。

（一）1991 年国际数学教育北京会议[①]

1991 年 8 月 5 日—9 日，由国际数学教育委员会（ICMI）授权的"国际数学教育北京会议（ICMI-China Regional Conference in Beijing）"在北京师范大学举行。这是我国实行改革开放政策以来，数学教育领域第一次举行的正式的大型国际会议，因而具有里程碑的意义。最近，笔者有幸访问了新加坡国立大学的李秉彝教授（时任 ICMI 副主席，会议的主要推动者），他讲述了会议筹备工作中一些幕后故事，尤其是承蒙他提供许多会议筹备中的原始信件。往事历历，这些信件显示出当年的筹备过程十分艰辛。对于我们年轻后学，不应忘记前辈学者的这一段历史。为此，我将这些资料整理成文，作为纪念。

1. 会议的缘起

中国数学教育自 20 世纪 50 年代起全面学习苏联，60 年代后与外界基本隔绝。20 世纪 80 年代国家实行改革开放政策，数学教育界开始和国外学者互相往来。其中，国际数学教育大师弗赖登塔尔（H. Freudenthal, 1905—1990）于 1987 年冬访问上海、北京，就是一个重要事件。

我国的华罗庚教授曾在 1980 年应邀在国际数学教育大会上作大会报告。但那时中国尚未加入国际上权威的数学教育组织——ICMI。1986 年中国数学会和位于中国台北的数学会，作为一个整体参加国际数学联盟（IMU），于是中国数学会也顺理成章地成为其子组织 ICMI 的成员。1988 年，中国大陆有 7 人参加在布达佩斯举行的第六届国际数学教育大会（ICME－6），其中张奠宙和丁尔陞曾经获得 ICMI 的资助。

为了进一步加强中国大陆和 ICMI 的联系，在北京举行一次正规化的国际数学教育会议，是非常重要的一步。这一设想的第一推动人，就是新加坡的李秉彝先生。由于在国际数学教育活动中的优异表现，李先生 1987 年当选为 ICMI 的副主席，1991 年连任。早在 20 世纪 70 年代李秉彝就以东南亚数学会主席的身份多次访问北京、上海，结识中国数学会的许多同行。1987 年，他曾就"能否在中国大陆举行数学教育会议"征询过杨乐、王元的意见，得到的建议是："要有

[①] 本部分全文转载笔者于 2012 年在《数学通报》上发表的题为"数学教育改革开放的里程碑——纪念《国际数学教育北京会议》举行 20 周年"的文章，个别地方稍加修改。

部(或省)的正式文件;有一笔经费;并有几位能干、有经验的人。"显然,北京师范大学是理想的承办单位。

与此同时,北京师范大学也有承办国际性学术会议的高度期待。北京师大各级负责人和李秉彝先生一经接触,就立即予以肯定的回应。事实上,举办一次正式的国际数学教育会议,符合国家的改革开放政策,也是提升北京师大乃至全国数学教育水平的重大举措。时任北京师大校长的王梓坤教授、副校长顾明远教授、数学系严士健教授(中国数学会教育工作委员会主任),都先后明确表示支持。

这样,会议的中方筹备工作就直接由北京师范大学校长领导,并指定由钟善基、丁尔陞、孙岳(北京师范大学外事处副处长)共同策划。时年68岁的已经到退休年龄之际的钟善基老师,全力投入筹备工作。北京师大数学系的刘秀芳老师①在给李秉彝先生的一封信中提到:"钟先生甚至说退休前只干好这件事也就了了心愿了。"

这样,1990年将在北京举行数学教育国际会议的消息迅速传开。ICMI执委会通过了此项计划,国际上许多学者计划到会。国内各方也都全力配合支持。1988年底,华东师大张奠宙教授在参加第六届国际数学教育大会后预言:"1990年ICMI—CHINA数学教育国际会议的召开,将是我们一次与国外同行的有益交流,也是中国数学教育走向世界的重要一步。"

2. 筹备工作的艰辛

时至今日,举办一个中小型的国际会议,似乎并非怎样困难。但是在1989年,那是一次艰辛的长途跋涉,沿途充满着各种艰辛,有政治上的,也有经济上的。

1989年6月12日,时任国际数学教育委员会秘书长、英国南安普顿大学豪森(A. G. Howson)教授写信给副主席李秉彝,明确表示,如果中国形势没有什么变化,他就把中国列入自己拒绝访问的国家。同样,也有不少原来准备参加会

---

① 据李秉彝教授解释,当时王梓坤校长、严士健教授都去过新加坡,李秉彝先生和他们都认识但不是十分熟悉,刘秀芳老师在新加坡待过一段时间,又和李先生比较熟悉,所以李先生开始时是通过她来进行相关的交流与沟通的。

议的外国学者取消了参会的计划。直到 1990 年 1 月 8 日,美国来华与会者的召集人、南伊利诺大学杰瑞·贝克(J. Becker)教授还写信给李秉彝,告知美国的国家科学基金会(NSF)及国家科学院(NAS)还没有解除停止对中国的学术交流活动的决定。

不过,当时 ICMI 的执委会主席加亨(J. P. Kahane)表示愿意看到会议在北京举行,执行委员、日本的藤田宏(H. Fujita)教授更是坚定地支持李秉彝的努力。另一方面,1989 年 6 月 28 日中国人民对外友好协会(CPAFFC)发表了一封给外国友人及友好组织的公开信,信中提出了中国政府的一贯善意和坚持改革开放的立场。国家教委也及时地批准了会议的召开,中方的态度十分积极。于是,李秉彝一再向各位国际朋友提及中国筹办方(北京师范大学)对会议举行的愿望与期待,即使 1990 年无法举行,愿意顺延到下一年。

延期一年举行,是一个好主意。在 IMU 的历史上,1982 年的华沙国际数学家大会,就曾因政治原因推迟到 1983 年举行。李秉彝于是致函丁尔陞教授,表示同意会议顺延的建议,表达了召开会议的坚定决心。随后,藤田宏和贝克教授分别在 7 月 25 日和 7 月 27 日告诉李秉彝,表示赞成会议延期,并表示将参加 9 月举行的预备会议。秘书长豪森也于 8 月 3 日发传真给李先生,表示会议顺延是明智之举。这样,政治上的困难终于克服了。经过多方磋商,会议定于 1991 年 8 月 5 日在北京举行。

此后,筹备工作进入实质性的阶段。1990 年前后,中国经济尚未真正起飞,大学教育经费十分紧张。数学教育学科基本上没有单独的经费。但是筹备会议的每一步都需要钱。

李秉彝曾经接到中国学者的一封来信,说到举办国际会议之难,其中有一些细节在今天看来,感慨良多。

"……国内举行国际会议,与国外不同,即使所有中外代表均自费(即由各自基金或单位出钱),会议还必须贴一笔钱。例如'空房费'……有的代表提前一两天回去,那这一两天房费得由会议补上。还有饭费补助,国内规定出差每人每天伙食费仅两三元,可是现在饭店至少得每人每天 15—20 元,否则不做,于是会议也得贴钱。国内服务行业不行,也无法各人自理膳食。否则,如果下午二时开会,吃饭去的人还未回来,开不成会。当然还有其他很多费用,加在一起是一大笔钱……"

国内的筹备工作举步维艰。1990 年 3 月 1 日,钟善基在给李秉彝的信中说:"另外,您也可能知道,目前我国财力不足,学校经费尤其拮据,时时事事用电话或电传联络是很困难的,这也是办事要多耽搁时间的一个原因。""但是,一件事情既经商定,除非有极特殊的原因,我们是不会更改的,并且一定尽我们的最大努力,把事情办好。"我们注意到,当时国内平信的邮资是 8 分钱,但这封信从北京寄往新加坡,邮资 2.30 元,几乎是国内的 30 倍! 为了克服显而易见的经费困难,北京师大曾经大力争取国家教委和北京市教委的支持。

办会经费除了国内努力之外,ICMI 汇款 1 500 美元予以资助。此外,如有百人以上的国外人士与会,所交会议费可以抵充大量的会场、交通、膳食的开销。李秉彝和藤田宏组织了大批的东南亚和日本学者与会,贝克教授则组织美国学者参加,这对纾解经费困难非常有利。

在苏步青、杨乐、王元、顾明远、严士健等的大力支持下,以钟善基为主要负责人的筹备工作稳步推进。做事低调且严谨的丁尔陞老师和外事工作经验丰富的孙岳老师做了巨大的努力,整个组织工作纳入了正常的轨道。

当然,会议的学术水准是大家极度关心的问题。据李秉彝回忆,他曾在1990 年 3 月在给钟善基的信中说:"我愁的是,会议是不是一次成功的会议? 如果国外到会的人数不理想,讲演平凡,气力花很多,收获很少,如何向国家交代? 如何向 ICMI 交代?"

功夫不负有心人。由于筹备工作中的困难——克服,1991 年 8 月 5 日至 8日,国际数学教育北京会议(ICMI—China Regional Congference in Beijing)终于顺利召开了。到会代表近 300 人,他们来自美国、日本、苏联、新加坡、澳大利亚、加拿大、德国、印尼、爱尔兰、新西兰、韩国、中国香港、中国台湾以及东道主中国这 14 个国家和地区。会议荣誉主席、全国政协副主席、著名数学家苏步青教授给大会写了亲笔贺信,认为:"这次国际数学教育北京会议,标志着中国数学教育正在走向世界。"

3. 高水准的学术活动

会议的成败,决定于学术水平的高低。

邀请大会报告人是首先要作出的决策。按照来自美国、日本、东南亚、中国

这样四方面的报告人,确定了以下四个大会报告:

首先是美国的著名学者斯蒂恩(L. A. Stenn)。他是《今日数学》和《明日数学》两本畅销书的作者,对于未来数学教育内容具有深入的研究。他的报告题目是"面向未来:数学为人人"(*Facing the Future: Mathematics for Everyone*)。

第二位报告人是日本的藤田宏教授,他是著名的应用数学家,也是日本数学教育界的领袖人物。他除了帮助会议的筹备工作以外,还担当起作大会报告的重任。报告题目是"面向信息时代数学教育的一贯研究"(*A Coherent Study of Mathematics Education for the Information Age*),这将预示日本数学教育改革的未来走向。

第三位报告人是李秉彝(与张奠宙教授合作)。报告题目是"考试文化与数学教学"(*Examination Culture and Mathematics Teaching*)。新加坡是东南亚数学教育的一个典型代表,具有和中国一样的升学考试情结。该报告第一次把考试上升到文化层面。

最后的大会报告人来自东道主,即北京师范大学的钟善基、丁尔陞和曹才翰。报告题目是"中国古代数学教育史及在当前数学教育中的体现"(*Characteristics of Mathematical Educations in Ancient China and its Incarnation Present Mathematical Education*)。这一报告,向世界展示了我国悠久的数学教育文化传统和今天数学教育现状的关系。

这四个报告具有信息时代数学教育的显著特征以及悠久的文化历史渊源,为 20 世纪 90 年代的数学教育改革提供了深层次的思考。大会报告时有中文、英文、日文的同声翻译,这在当时是十分难能可贵的安排。

为了让与会者方便地展示研究成果,会议设置了四个分组①:(1)数学教育中的评价和评定;(2)计算机在数学教学中的运用;(3)各国数学教育的发展趋势和概况;(4)大学(基础课、教师培训)、中学、小学和幼儿园的数学教育研究。有70 多位代表在分组会上发言,每位代表报告 20 分钟,分组报告配有英文译员,便于互相交流。

我国代表在大会及分组会上做报告的达 50 余人,占报告人数的三分之二左

---

① 业平. 数学教育界的一次盛会. 数学通报,1991(12):10-11.

右,这些报告的内容,充分反映了我国在数学教育改革和研究方面所取得的可喜成果。上海市青浦县(现青浦区)顾泠沅的关于大面积提高初中数学教学质量的经验、江苏省常州师范学校特级教师邱学华创立的"尝试教学法"等报告,受到各方重视。日本国立横滨大学片桐重男教授称赞"尝试教学法先让儿童进行思考和讨论,然后给予指导,它不失为一种理想的方法。"[①]

除了上述活动外,在北京师范大学科学会堂的走廊里挂有许多广告式的文字招贴,由有关国家的代表做口头介绍,另外有专门的放映厅,播放教学录像片,计算机软件表演、交流等。中国教育学会数学教育研究发展中心还在会议期间进行数学教育图书展览,向各国数学教育专家展示中国数学教育的情况,参观者购书踊跃。

总之,这是一次内容丰富、程序完备的国际会议。会议结束那天,严士健、钟善基、丁尔陞等百感交集,庆幸终于为中国数学教育的改革开放迈出了坚实的第一步。李秉彝、藤田宏和贝克三位则长时间地握手,一切尽在不言中。

(二) 94'上海国际数学教育会议

1991 年会议之后的下一波合作转向了华东师大。1991 年的国际数学教育北京会议,张奠宙身在美国,未能参加,但是他和李秉彝向大会提交了一篇共同署名的论文。1992 年张奠宙回国后,建议在 1994 年再举办一次国际数学教育大会(The Second ICMI-East Asian Conference),这是一个难题。因为刚在北京举办过一次区域性会议,又要在上海举办,ICMI 执行委员会上如何通得过? 尽管李秉彝知道很难,但他没有放弃,在做好穿针引线的工作之后,他在 ICMI 的执委会上说:"中国刚刚改革开放,和外界封闭太久,应该多开几次。"结果顺利通过了。这是 1992 年的事。

于是,上海国际数学教育会议(ICMI-China Regional Conference in Shanghai)于 1994 年 8 月在华东师范大学举行。

张奠宙知道这是中国数学教育走向世界的重要一步。他努力按照国际惯例

---

① 王岳庭. 走向世界的中国数学教育——记 1991 年 8 月国际数学教育会议. 杭州教育学院学报, 1991(4): 58 - 59.

组织会议,一切与国际接轨。先请李秉彝做国际程序委员会主席。然后使用当时非常先进的 E-mail 通信,使得筹备工作异常顺利。与会代表不分国内、国外,在同一栋楼入住,在同一个餐厅用膳。会议程序表在报到注册时已经确定,一切按部就班进行。这和过去"内外有别""会议程序当天公布"的做法完全不同。

李秉彝自然发挥了他的巨大作用。全世界最重要的数学家、数学教育家几乎都到了上海,这个很不容易。除李秉彝外,美国的贝克、丹麦的尼斯(M. Niss)、英国的科克罗夫特(V. S. Cockcroft)、美国的尤西斯金(Z. Usiskin)、拉本(G. Lappan)、荷兰的德朗治(J. de Lange)、澳大利亚的麦克(J. Mack)、日本的泽田利夫(T. Sawada)、印度的库尔卡尼(V. G. Kulkarni)、菲律宾的尼贝雷斯、韩国的朴汉植(H. S. Park)等,都是名噪一时的国际数学教育名家。中国消费低,交了很低的会议费,自助餐吃饭不要钱。总之花钱不多,大家都很高兴。

距国际数学教育北京会议的举行,已经将近 30 年。在这一里程碑式的会议之后,随着中国经济起飞,中国数学教育也在不断地改革前进。中国特色的数学教育正在引起世界的特别关注。时至今日,中国数学教育走向世界,为世界数学教育作出自己的一份贡献,应该说已经或正在变成现实。

在 1991 年的国际数学教育北京会议,和 1994 年上海会议之后,我国各地举行过许多数学教育的国际会议,除了 2002 年的重庆卫星会议外,其余的都不是 ICMI 授权组织的,出席会议的境外学者也少有超过 100 人的。未来的前景会怎样? 当然,中国学者期待能够看到四年一度的"国际数学教育大会(ICME)"有朝一日在中国举行。其实,国际数学教育北京会议召开 30 年后的 2020 年,在国内外学者的努力下,国际数学教育大会终于将在上海召开,目前正在策划中,2017年 5 月 16 日到 5 月 26 日,华东师范大学特地邀请李秉彝先生到上海进行学术交流,还同时邀请他共同策划 2020 年的会议筹备。这又是我国数学教育的一次里程碑式学术盛会,我们期待通过这次会议,为我国数学教育融入世界跨出新的一步!

二、引导中国学者走上数学教育的国际舞台

把中国学者引向国际,首先得专门介绍一位特殊的学者——华东师范大学

的张奠宙教授。李秉彝先生对中国大陆数学及数学教育的工作首先是从北京开始的,但他与张奠宙先生特别有缘,两位组织能力及社会责任感很强且有共同学术背景的数学及数学教育前辈一拍即合,演绎着中新两国共同促进数学尤其是数学教育的交流和发展。可以这样理解,我国数学教育发展在国际上产生的一些重大影响与这两位先生的倾心工作是分不开的。

李秉彝自 1983 年访问华东师大以后,就和张奠宙结下了不解之缘。按照张奠宙的说法,他们两人很有缘分,一是两人都研究泛函分析,在数学上是同行;二是两人几乎同时把眼光转向了数学教育,投身国际国内的数学教育活动。李秉彝的中国情结,也在两人的交往中得

张奠宙与李秉彝(1993 年,摄于上海外滩)

到伸延和发展。张奠宙先生回忆道:"1986 年,李秉彝当选 1987—1990 年间的国际数学教育委员会副主席,那时我则受数学系领导之命'转业',兼职数学教育研究。秉彝的帮助,成为我走向国际数学教育的契机。"

1988 年的第六届国际数学教育大会(ICME-6)在匈牙利首都布达佩斯举行,李秉彝请当时的 ICMI 秘书长豪森发函给张奠宙,表示欢迎他参加 ICME-6,并可以再请一位来自北京的数学教育专家与会,各提供 1 000 美元的资助。这是李秉彝帮助中国数学教育走向世界的第一步。

第二步,李秉彝对张奠宙说,你要为 ICMI 做事,就要让大家都认识你,成为朋友,才能使得中国融入国际的数学教育界。1992 年张奠宙再度参加在加拿大举办的 ICME-7。

第三步,在中国举办数学教育的国际会议,是李秉彝的重要目标。李秉彝说:"我当上国际数学教育委员会副主席之后,做的第一件事情就是去北京,到北京师大见校长王梓坤,筹划在中国办一个由国际数学教育委员会(ICMI)和中国联合举办的'地区性数学教育会议'。"原来是定在 1990 年召开,由于各种原因拖

延了一年,到 1991 年才召开。

三、推荐中国学者成为数学教育国际舞台的主角

李秉彝从 1987 年担任国际数学教育委员会副主席后,连任两届,直到 1994 年。按规定,一个人只能担任两届,他即将退出,需要推荐一个人。"中国应该有一个人参加国际数学教育委员会",这时的执行委员不是由所在国的数学教育组织推荐,李秉彝推荐张奠宙,ICMI 通过了,并由尼斯秘书长宣布。"这是中国人首次进入这一高层次的领导机构。"①

张奠宙当上 ICMI 的执行委员后,首先遇到的是 1996 年在西班牙举行的第八届国际数学教育大会,他撰文道:"以前各届,除 1980 年华罗庚应邀作大会报告之外,中国学者无缘参加演讲和主持工作。这次因为我到会,可以推荐人,遂有三人将应邀作 45 分钟演讲(大会共邀请 60 位数学教育专家分别在十组作演讲)。他们是顾泠沅、王长沛、裘宗沪。"②他还推荐唐瑞芬为圆桌讨论会成员(该讨论会只有 6 人)、叶其孝任"数学模型、应用"的小组主持人。"台湾、香港方面,这次我也推荐了香港大学和台湾师范大学的两位同行作为小组主持人。"③"因此,在推动中国数学教育走向世界方面,总算尽了一份责任。"④

确实,在张奠宙的引领下,中国数学教育走向世界了! 袁智强老师撰文:"随着中国在世界的影响越来越大,中国数学教育研究水平的不断提高,中国学者有机会进入 ICMI 执行委员会或 ICME 国际程序委员会。"⑤到目前为止,成为 ICMI 执行委员的中国学者有:张奠宙(华东师大,1995—1998)、王建磐(华东师大,1999—2002)、梁贯成(香港大学,2003—2006,2007—2009)、张英伯(北京师大,2010—2012)、徐斌艳(华东师大,2017—2020)。我国有多位学者曾担任 ICME 国际委员会委员,他们是张奠宙(ICME - 8,西班牙,1996)、王长沛

---

① 张奠宙.数学教育经纬[M].南京:江苏教育出版社,2003.

② 同①。

③ 同①。

④ 同①。

⑤ 袁智强.加强中外数学教育交流——从了解 ICMI 开始[J].数学教育学报,2005,14(4):59 - 62.

(ICME-9,日本,2000)、郑毓信(ICME-10,丹麦,2004)、鲍建生(ICME-11,墨西哥,2008)、李士锜(ICME-12,韩国,2012)、徐斌艳(ICME-13,德国,2016)。

尤其从 2004 年开始,我国学者参与国际数学教育的活动日益频繁。例如,王尚志、李俊、鲍建生、黄翔、萧文强、范良火、蔡金法等,担任了 2004 年的 ICME-10 的专题研究组或讨论组的召集人。[①] 2008 年的 ICME-11,中国大陆有 60 多名代表参加了大会[②],考虑到中国人的语言及数学教育的情况,大会还特别举行了"中国数学教育展示",以及华人数学联盟会议等,广泛交流,借鉴别国教学经验,传播本土优秀成果,会议大大拓宽了研究视野,还达成多项国际合作意向,"特级教师成长共性""中国特色教研模式""中美课堂教学比较""国内外教材比较研究"均引起合作共鸣[③]。2012 年在韩国举行的国际数学教育大会有中国的内地学者 281 人,香港 18 人,澳门 16 人,台湾 24 人,我国参会人数也是历次最多的一次[④]。会议期间,全球华人学者还专门召开了"2012 年全球数学教育论坛",共有 200 余人参加,整个会场座无虚席[⑤]。2016 年的国际数学教育大会在德国汉堡举行,我国学者参加大会的共有中国内地学者 143 人,香港 36 人,澳门 2 人,台湾 28 人[⑥],尽管德国国土离我们很远,但我国学者参加热情依然如故!

这些事实表明,我国数学教育工作者以及学者与国际数学教育的沟通与交流已经进入常态化,中国数学教育已经逐步融入国际数学教育这个大家庭!

的确,目前的中国数学教育与中国的经济一样也受到世界的关注:历届国际奥林匹克数学的骄人成绩,拥有世界最大的基础数学教育人群,近几年参与国际数学教育会议的中国学者比以往多得多,中国数学教育学者纷纷走向国际交流平台、参与海外学术活动异常活跃……看到这些,李秉彝笑着说:"我给张奠宙

---

① 袁智强. 加强中外数学教育交流——从了解 ICMI 开始[J]. 数学教育学报,2005,14(4):59-62.

② 李士锜,鲍建生,吴颖康. 国际数学教育界的又一次盛会——记 ICME 11 [J]. 数学通报,2008,9.

③ 浙江教育在线. 现数中心专家参加第 11 届国际数学教育会议顺利回杭[EB/OL]. http://edu.zjol.com.cn/05edu/system/2008/07/28/009778974.shtml.

④ 王林全. 第 12 届国际数学教育见闻与思考[J]. 中学数学月刊,2012(8):1-4.

⑤ 方均斌. 看西方和看东方:华人数学教育正在走向世界——记韩国首尔的《2012 年全球华人数学教育论坛》[J]. 数学教学,2012(10):1-6.

⑥ 吴颖康,柴俊. 第十三届国际数学教育大会在德国汉堡召开[J]. 高等数学研究,2016,20(1):126.

的是一条很细的线,张奠宙把它变成一根很粗的绳子。所以,你说我有没有帮忙? 中国联系国际,有,但仅是一条线,其他工作是张奠宙做的。"

是啊! 李秉彝先生在中国与世界的数学教育之间牵了一条线,而且这条线在张奠宙的带领下变得越来越粗。的确,世界数学教育已经离不开中国了,中国的数学教育也越来越引起世界的兴趣和关注,中国的学者已经逐步和世界各国学者建立起广泛的联系,尽管我们以后还有很长的道路要走,但我们已经在李秉彝这位华人学者的引领下,迈出了可喜和坚强的一步!

第三节　架构数学教育国际交流的桥梁

李秉彝先生不仅自己个人为中国数学教育助力,而且,还在架构中新数学教育交流的桥梁上做了不少的文章。从早期接触中国数学教育界开始,他就热心为中国学子到新加坡学习创造机会,很多中国学生正是在他的助力下到新加坡深造的。众所皆知,新加坡的数学教育在国际上是有名的,新加坡学生常在国际数学与科学趋势研究(Trends in International Mathematics and Science Study,简称 TIMSS)和国际学生评估项目(Program for International Student Assessment,简称 PISA)测试中名列前茅。由于新加坡的特殊历史及地理位置,它属于东西方数学教育的一个"大熔炉",有很多经验值得我国学者学习。按照李秉彝的说法,他是新加坡 50 年课改的见证人,除了通过自己多次的演讲外,他还把撰写的好多文章无私地让中国学者翻译并在中国相关刊物上发表,介绍新加坡的经验。当然,他也把中国的一些优秀做法带回到新加坡。此外,他还带领新加坡老师到中国进行数学课堂教学比较研究以及学术交流,扩大了中新两国的数学教育学术交流的影响。

(一) 合作培养数学教育博士

改革开放之后,中国学子逐步走向世界,向先进的国家学习。作为我国改革开放之后最早接触中国数学及数学教育的国外学者之一,李秉彝先生对我国的帮助是倾尽其力的。其中包括介绍新加坡教育的情况,引起了我国一些学子的兴趣。由于新加坡数学教育在国际上影响较大,新加坡的数学及数学教育引起了国内一些学子到新加坡继续深造的愿望。李秉彝先生都是竭尽全力帮助。笔者请教李先生到底帮助过哪些中国学子到新加坡学习,他竟然轻描淡写地写道(邮件原文):"学生,有五位博士生,2位张奠宙推荐,3位申请,不是我介绍,最早来的是李俊。范良火也是申请。黄兴丰是联系范良火。"其实,据我所知,李先生对到新加坡的国内数学教育学子(包括硕士生、博士生、访问学者甚至参加会议的中国大陆学者)都在能力范围内提供帮助(读者可以在本书后续的国内学者对李先生印象中得到印证)。就笔者而言,2013年,笔者到新加坡参加会议,李先生竟然亲自开车到机场迎接,这让笔者非常感动! 因为那年他是75岁的老人! 其实,在和范良火、李俊、吴颖康、黄兴丰、金海月等老师的接触中,很多老师都提到,李先生怕一些留学生人生地不熟,往往都亲自开车迎接! 一位曾经的"东南亚数学会主席"和"国际数学教育委员会副主席"竟然能够为中国大陆学生(其实,据了解,他对来自世界各地的学者或者学生都是同样对待!)做司机,真是令人感动! 至于李先生能够为来自中国大陆的学子来新加坡创造机会的事情,读者可以进行"合情推理"了!

(二) 数学教育领域的合作研究

李秉彝先生是1980年起接触中国数学及数学教育界的,他很注意把新加坡的相关经验介绍到中国大陆。一方面,他早期与西北师范大学等高校教师一起合作发表数学相关的论文及著作;另一方面,他开始与我国数学教育学者合作研究,把自己对数学教育研究的观点与中国学者的观点进行融合,或者将他的观点经中国学者整合后传播。这里择取四篇做简要的介绍。

文章1: 李秉彝教授谈什么是实用数学

该文由范良火先生(曾为英国南安普敦大学数学科学与健康教育研究中心主任,终身教授。现为华东师范大学教授)撰写[①]。该文先把"纯粹数学、应用数学和实用数学"的相关概念进行了界定,然后用生动的例子说明"实用数学"的含义,例子涵盖概率论、统计学、运筹学、数值分析等,通俗易懂,所举例子在当时很多学者看来还是很新鲜的! 是李秉彝先生"讲儿童版的数学"的典型写照! 该文的意义在于为我们未来中小学课程的发展打开一扇窗户,我们不妨摘录该文最

---

① 范良火.李秉彝教授谈什么是实用数学[J].数学教学研究,1990(3):2-5.

后的一段,或许能体会到李先生对数学教育的一些想法。

"实用数学具有十分显著的与众不同的特点,在某种意义上,实用数学可认为是现代数学的一部分。在传统数学里,遇到一个问题,我们首先问的是是否存在着解,然后要知道(精确的)解是什么,人们常用某种确定的形式表示答案。在实用数学里,我们感兴趣的是可行的解,换句话说,不是精确的而是与之接近的答案,这样我们建立一种算法或程序,由此可一步一步地得到接近它的解。我们从上面给出的例子可看到这一点。虽然除一些统计内容外,中学里还不教实用数学,但它已成为大学数学课程的标准内容。可以预料,它将逐步对中学数学课程内容的发展产生影响。"

文章 2:美国大学微积分教育改革进展述评

该文发表于我国著名数学教育学术刊物《数学教育学报》(第 2 卷第 1 期,1993(5)),是李先生与范良火先生合作的一篇文章。该文的一段摘要:"本文综述了美国目前进行的大学微积分教育改革运动的由来,要解决的问题,已取得的进展,不同的争论,以及借鉴意义。"众所皆知,我国微积分教学改革一直在"摸着石头过河",西方国家做法一直得到我国学者的关注。但由于信息不通畅,我国对国际上的数学教育改革还不是很清楚,李秉彝先生正是运用他自己特殊的角色以及掌握的第一手材料,向国内学者介绍美国的微积分教学改革,给国内学者以很大的启发。在该文的最后,作者写道:"数学教育的改革和发展需要国际间的相互交流。他山之石,可以攻玉。愿本文能对中国大学的微积分教育改革和发展起到促进了解和借鉴的作用。"可谓良苦用心!笔者注意到,继该文之后,我国学者陆续发表了有关美国等西方国家所进行的微积分教学改革动向的文章。例如,紧随其后的《美国微积分教学改革的一些动向》[1]、《再谈美国的微积分教学改革》[2]等。

文章 3:本世纪数学的新进展及其对数学教育的影响

该文[3]是李先生与西北师范大学数学系张定强老师合作的文章。文章的第

① 周义仓.美国微积分教学改革的一些动向[J].大学数学,1994(s2):35-42.
② 王高峡,唐瑞芬.再谈美国的微积分教学改革[J].数学教育学报,2000(4):69-72.
③ 李秉彝,张定强.本世纪数学的新进展及其对数学教育的影响[J].数学教育学报,1996(8):1-3.

一句话就是："数学教育应该是上通数学下达课堂,否则意义就不太大了,因此论及数学教育非从数学讲起不可。"这是笔者第一次从文献中查到李先生的名言："上通数学,下达课堂。"该文从"数学的新应用""算法""著名问题""大学的教学课程""数学教育的新状况""课程""教学法""评估"这样的几个视角向国内读者介绍了 20 世纪数学的最新进展对数学教育的影响。开阔了国内数学及数学教育工作者的视野,很值得参考!

文章 4:中学几何教学之我见

众所皆知,几何教学改革一直是我国数学教育改革的聚焦点,其实,也是世界数学教育改革的关注点。自从"欧几里得滚蛋"这句出自西方对几何教学内容否定的口号出现以来,全世界对几何教学改革一直都存在很多的争议。我国自然也不例外,正当我国为教材中的几何内容改革讨论得沸沸扬扬之时,李秉彝先生与人合作发表了此文①,这对我国的数学课程改革是一个及时雨的见解。我们不妨摘录该文的摘要如下,就能够明确该文的主要意思。

"中小学几何课程应当教些什么一直是个具有争议的课题。回顾欧氏几何的发展历史有助于我们对几何有更深入的理解。新加坡中小学几何课程受到'新数学'及'回到基础'等各种思潮的影响,新的教学大纲计划在 2007 年正式推出,在几何教学上也会有相应的变动。对于中小学几何课程应当教授哪些内容我们至今未达成共识。事实上,几何本身是无所不在的。真正的关键之处并不在于教的内容,即教些什么,而在于教的方法,即如何施教。中小学的数学课应当采取代数与几何并重的方式进行教学。"

在这篇文章中,笔者印象较深的有这么两句话："其实,我们应当保留住几何的特性,因为它具有很强的文化价值。""证明和几何是两个不同类别的学习对象,而两者被视作同一对象已有两千多年的历史。不过,这于今后将不再有效。"笔者认为,此文对我国几何教学改革具有较大的参考价值。

此外,在李先生与国内数学教育工作者的广泛交流中,不少国内学者就和他进行有关数学教育的讨论。他幽默健谈,很多观点很值得国人参考。因此,一些学者就把自己与李秉彝先生交流的过程及体会整理成文,笔者就和他有两篇交流

① 李秉彝,朱雁. 中学几何教学之我见[J]. 数学教育学报,2005,14(1):1-5.

的文章,还有黄翔、黄燕苹、张定强老师的文章。本书不妨予以全文转载,并作为单独的第四章"李秉彝在中国的数学教育学术交流"(依据时间顺序),让读者有一个完整的认识。值得提出的是,这些文章中的有些观点可能与前面重复,但是在表述视角上可能各有不同,读者可以从作者的不同视角来"对李秉彝先生的观点进行多角度解读",第四章的五篇文章只是五位"有心人"所做的记录,一斑窥豹。

(三)分享新加坡数学教育改革经验

李先生鼓励中国学者将他自己在新加坡等国发表的有关新加坡数学教育改革经验的相关文章进行翻译,并在中国相关刊物上发表,与大家分享。限于篇幅,这里对李先生发表的相关研究的主要观点进行简介,感兴趣的读者,可以查找原文进行详细解读。

文章1:给孩子们讲授计算机程序设计

该文发表于《东南亚科学和数学教育》(第6卷第2期),后经吴博儿老师翻译发表在《中学数学研究》杂志上。该文在当时,即上世纪80年代,对中国有很大的启发。记得笔者在1983年上大学时才开始学习"Basic(基本的)程序语言",而李先生在该文中倡导10到14岁孩子就可以学习简单的计算机程序设计,并在该文中引用了一些之前他论述中的典型例子,介绍了新加坡的一些成功做法,这对于刚刚改革开放的中国是一个很大的启发。

文章2:中学数学教师培训课程

从前面的文章我们注意到,李秉彝先生对教师教育非常关注。这篇文章①先扼要介绍新加坡南洋理工大学国立教育学院的数学课程安排。笔者阅读该文,印象较为深刻的有这么几点:(1)重视教师职业技能的职前培养。文中指出该学院的职前教师每年需要五周时间进行教育实习,这与当时哪怕是现在我国师范生的培养方案相比,实习时间多了不少!(2)重视以人为本的教育。让学有余力和志趣不同的学生有自己的课程选择余地,这对当时我国师范生的培养制度改革还是很有启发的!(3)具有前瞻性。李秉彝先生具有开阔的国际数学教

---

① 李秉彝.中学数学教师培训课程[J].聂建育,马利艳,译.兰州教育学院学报(自然科学版),1995(10):2-5.

育视野。他认为，教师教育必须进行改革："我们正面对新一代的学生，因此我们必须得改革。由于许多学生最终并不会将教师作为自己的职业，我们要牢记这点，并让以上建议全面贯彻下去，认真监督执行，以后再重复进行说明，我们相信对于教什么和怎么教，我们有许多事可干。""在数学教育改革中一个重要的因素就是使用计算机。"

文章3：新加坡新O水平数学课程纲要的新变化

这是笔者搜索到的李先生最早发表在我国的介绍新加坡数学课程标准（新加坡目前仍然称教学大纲或者课程纲要）的文章①。该文首先简要介绍了新加坡课程纲要的变化，使国内读者对新加坡的课程纲要有一个大致的认识，然后对新加坡的课程纲要变化结合西方数学教育改革进行了介绍，把新加坡课程纲要最新变化介绍给我国。从整篇文章来看，李先生国际视野开阔，很注重国际之间的比较。该文着重提到了美国、中国、印度、日本这四个国家之间的比较，有些话很值得关注，这里不妨摘录几句：

"在过去五年的O级数学试卷中我们注意到使用最多的动词是'发现'和'计算'。在某种意义上，这反映了纲要的要求。当他们说'证明'（show）的时候，并不意味着要求去证明一个结论，而只是要求验证一个已知的事实。""在（新加坡）新纲要中最引人注目的删减内容就是几何变换，它几乎被完全删掉了。""在过去的十年间，教学上的变化主要出现在课堂上。现在的授课方式更强调互动式，即教师需要更加关注学生的反应，注重与学生的交流，并开展课堂活动，课堂测验等。""现代教育技术在数学教学中应该起辅助而不是决定性作用。我们最终想要学生学习的是数学而不是教育技术。""教与学是整个学习过程中最重要的部分。教师在其中起着重要的作用。""我们教学最终的目的是教给学生如何学习和考试，而不是仅仅为了考试。""日本的纲要是最小的，小到每个教师都得超纲教学。最近在日本，为了给别的科目更多的时间，他们削减了数学的课时。这引起了教师、数学教育家和家长的极大关注。日本人为世界制造了图形计算器，但是他们自己在课堂上却不使用，这是因为日本的数学教育家、教师和家长都不信任它。日本人认为学习数学思考比计算更重要。因此每个国家都在

---

① 李秉彝. 新加坡新O水平数学课程纲要的新变化[J]. 数学通报，2008，47(11)：34－36，封底.

以其自己的方式来处理数学课程纲要。""比较新加坡与中国或者印度的课程纲要是很有意思的。这两个国家很长时间都没有改变过他们的课程纲要。""比较新加坡与中国或者印度的课程纲要是一个很大的学术问题。""相对于中国和印度来说,我们的课程纲要是适中的。"

由于新加坡是介于东西方之间的,他们的变化及思考当然值得我国数学教育工作者参考。

文章4: 展望新加坡2013年中学数学课程

本文是李秉彝先生受邀发表在《东南亚数学教育杂志》(*Southeast Asian Mathematics Education Journal*)第1卷第1期(2011年11月)上的文章,该文也是李先生对新加坡中学数学课程变化趋势看法的一篇力作[①]。2007年至2011年新加坡O水平数学课程纲要实施已近五年了,文章一开头就写道:"新加坡2007年O水平数学教学大纲出现了哪些新的变化? 在我看来,主要是教学方法的改变,即关注了数学的'过程'和'情境';至于数学内容基本没有变化。事实上,'过程'和'情境'并不是新事物。中国早在2000年以前就有了。如果你看了中国古代的经典之作——《九章算术》,或者其他的数学著作,你就会明白我所说的了。"在对"过程"和"情境"进行讨论之后,他指出:"在教育中,很少有新的思想出现,人们只是简单重复,所做的就是冠一个新名词。""往往失去了才知道珍惜,现在,我们所作的努力,正是试图恢复我们所失去的东西。"在这位数学家眼里,洞穿教育本质是他的"强项"!

然后,他对于教学方法改变的期待按照"我们期望什么?""我们该怎么做?""我们怎么着手?""我们为什么要这么做?"四个方面谈了自己的看法。这里也不妨摘录其中的几句:"我们期望学生能掌握所学的数学知识,同时也期望他们能应用这些知识。""在教学实践中,我们打算引入开放题,并期望学生能够回答这些问题。这里的关键词是开放。为了回答这些问题,学生必须要思考,而不是只凭记忆。""我们可以提出一些开放问题,比如建模,就是一个很好的途径。""教育研究中使用的等级评定方法和课堂教学中使用的等级评定方法是不一样的,我们不可能把研究中的方法全盘照搬到教学中来,初步采用就足够了。""经常听到

---

① 李秉彝.展望新加坡2013年中学数学课程[J].潘荣菲,译,黄兴丰,校.数学教学,2012(8):封二-2.

教师抱怨说'没有时间呀'！我们并不是说每天都要做建模，一年中至少要有一次，不过每个学期最多也只能做一次(如果一年有四个学期的话)。提问也是一种有效的方式，可以说是一门艺术。""我们教数学，也应该教会学生理解数学。为此，我们必须重视过程。我相信这是众所周知的。然而，我们还是需要公式和代数。因为公式常常可以让数学变得简单，让数学变得便于应用，不要摒弃公式，过程和公式我们同样需要。"

在"展望2013"一栏里，他提出："新加坡2013年的O水平数学教学大纲会出现哪些变化呢？至少有一个元素是新的，即学习经验(Learning Experiences)，瑞典2011年的教学大纲称之为知识需求(Knowledge Requirements)。"他认为这种变化是新加坡在充分考虑国际教育比较之后经独立思考得出的："20世纪70年代，我们向西方学习数学教育改革，这次是我们完全独立思考的结果。"他针对数学教育改革提出自己的观点："我们谋求变革，但不可能在一夜之间彻底完成。这仅仅是一个开端，我们将逐步推进，或许这是唯一取得成功的办法。课程改革不是灭火行动，也不应该是灭火行动。同时，我们也不能采用教育学生的方式来培训教师，我们必须采用其他方法来做好这件事。"

他特地把"课堂"作为一个专题讨论："我们希望课堂：第一，能保证所教的数学是正确的；第二，明确提出学生的学习经验；第三，关注学生的数学表达。""应试教学没有错，但教学不能只是应付考试。短时间内考试改变不了，不过将来可能要改。所以，如果我们不改变当前的教学方式，学生恐怕就不能适应将来的变化。"

最后，他指出："正如我在其他地方所说的那样，我们正在不断地改革，我们所走的历程无处可以仿效，只能靠自己寻找解决问题的办法。我们的课程设计同仁、教师培训专家和中小学教师必须携起手来，共同寻找一条切合我们实际的课程改革措施。""总之，教无定法。我们应当教会学生解决超出课本之外的问题，也许超纲不再是问题，不过我们也不赞成总是那样做。请记住一点：学生，先学精，才创新。"

文章5：中国古代数学中的情境问题——兼谈新加坡的最新动态

此文[①]指出：情境问题并非是一个新的数学问题形式，因为中国古代就有很

---

① 李秉彝. 中国古代数学中的情境问题——兼谈新加坡的最新动态[J]. 黄兴丰，周文静，编译. 数学教学，2013(7)：34-38.

多的情境问题。该文给笔者印象最为深刻的有这样两点：一是，一些数学教学时髦的方法不一定是舶来品，很可能我们祖先就已经探索过。李秉彝先生的此演讲稿就告诉了我们这一点。二是，新加坡同行的一些最新研究及做法很值得参考。李先生通过该文向中国读者介绍新加坡在情境教学上的几点成果，值得国人参考：（1）在熟悉的情境中设计问题；（2）使用可行的或者接近现实的数据；（3）联系教学大纲；（4）如果可能的话，评价学习经验；（5）设计具有多种解决方式的问题；（6）创造一个"好"情境。

文章6：新加坡的经验

这是李先生特意撰稿在华东师范大学的《数学教学》上发表的介绍新加坡数学教育改革经验的文章①，该文用了九个小标题，有些小标题就是他的观点，而有些小标题则指出了要介绍的内容。这里不妨把该文的每一个小标题都罗列出来，笔者谈自己的感受或者引用他的观点。

标题一：教育是一项模糊的事业，不能太有效

这是2009年笔者与李先生在从宁波到温州的车上交流时，他所提出的观点。当时他以"鸡瘟"的产生为例子，历数教育如果太追求功利可能产生负面效果的各种情景。在这段文字里，他介绍了新加坡课程改革所经历过的曲折道路。根据笔者体会，我国目前所进行的"高效教育""高效课堂"等都需要冷静思考，因为教育对人的影响是一生的，不能以眼前看得到的所谓评价去衡量它对未来的影响，这或许是李先生的智慧之言给我们的警示！

标题二：间间学校是好学校

这个标题的表达方式具有闽南语的味道，按照我们国内表达的意思是"让每一所学校都是好学校"，这是李先生引用新加坡教育部长的话，之后李先生表达了自己的观点："什么叫做好学校？我认为好学校是家长愿意送子女去的学校。假如学校排名，那家长可能不愿送孩子去那些排名低的学校。我们教育部长的意思，经过我的解读，是我们要拆除对精英的崇拜，要学生学会'替人想'。""所以我们现在的数学教育不能只讲数学教育，而要从教育讲起，还要从做人讲起。所以好是大家要一起好，不要只有一个人好，只有一个人好那是培养明星，只靠几

---

① 李秉彝. 新加坡的经验[J]. 数学教学,2013(12)：1-2.

个明星是救不了新加坡的。"

标题三：新加坡数学教学大纲

这段文字中李先生在关于教学大纲与具体实践的论述中有一个形象的比喻性描述："我经常收到一些外国朋友的邮件，给我一个详细的课程大纲，接着问我的意见。我觉得这就好像只给我一个菜谱就问我好不好吃。菜要烧出来我才知道好不好吃，你就光给我菜谱，我怎么知道呢？"笔者认为这个比喻应该给国内教师很大的启示，因为一些教育部门常写出某些"教育菜谱"，在教师还没有经过实践得出结论之前，就常出现"好评声一片"的怪现象！这段文字中引用了张奠宙先生的观点："我们的这个新的课程大纲，用张奠宙老师的一句话来说，就是两个字'深化'。也就是不再将很多新的东西搬进来，而是在原有的基础上加以深化。"同时他还强调"大纲是家，不是牢房"这一观点。

标题四：师资培训快不了

这个颇有闽南语风格的标题道出了李先生的观点："对老师要求高的教学法普及不了。要普及的话，每一位老师都要是专家，这不是容易做得到的。""新加坡最近的做法是要求更多的教师进修硕士学位，要大家不断提升素质，这是中医的做法——你要医病先要医人，人医好了才能更好地医病。"这些很有哲理的表述非常值得我们深思！

标题五：接轨世界

这段文字表达了新加坡教育改革是根据自己国情与世界接轨的："向外学习不是抄，不是人家做得好，我们直接学，我们是要寻找对方成功的因素是什么，在我们自己原有的方向上接下去做。"自从与李先生接触以来，他就以多种方式表达了这一观点。2017年5月18日早上，李先生拜访张奠宙先生的时候，在谈到如何向外界学习改革经验时说："要接着走，不要照着走！"给笔者留下深刻的印象。

标题六：研究品牌

这段话给我们以很大的启发。"我们也应该研究我们自己的课程，自己的教学方法，我们完全有能力建立自己的国际品牌。"这与张奠宙先生提出的"具有中国特色的数学教育"具有"异曲同工之妙"！李先生对忙于工作的大学老师提出这样的建议："在大学里任课的有很多事情要忙，要升级当教授、上课、参与国家研究项目等等,一般人很难分得了身。但是可以把这些事合成为一件事,也许就比较容易做到了。"笔者注意到,我们现在大学教师身心疲惫的原因往往是"研究"与"教学"不相协调,有时甚至截然不同！李先生在这段文字中再次强调了自己的观点:"还有一件研究需要注意的事,就是我所说的'上通数学,下达课堂'。"

标题七: 教学与测试多元化

李先生在这里强调了教学方法及评价应该多元化。在问题解决中,之前的数学问题是没有给学生进行"铺垫"(文中以"支架"表述),这对学生是一个考验;现在流行的一些数学问题教学的做法往往是为了避免难度太高而给学生做了铺垫,但长期这样做也是有负面效应的。在评价教师对数学问题进行铺垫的做法上,李先生有一个很形象的比喻:"这样做不是不好,像是补品吃了有效,拼命吃拼命吃,就吃坏了。"他指出中国强调基础的优点,指出新加坡存在"未学精就抢先讲创新"的盲区。最后他还指出:"没有最好的教学方法,也没有最好的学习方法,只有多元化,让学生体验不同的教学方法和多样的学习方法。"

标题八: 入村乡

这段文字表面上似乎不是谈新加坡的教育及改革的经验,只是说李先生到中国偏远山村的一些经历。但李先生通过这段文字想要说明的是,新加坡无论在对内还是对外,教育信息的沟通一直是开放的。他以最近一次到金刀峡小学访问与教师讨论得到经验"让小孩子'学会动脑筋,养成好习惯'"为例,就说明了教育信息开放与沟通的重要性。

标题九: 未来十年

他首次在这里提出"学院记忆(Institutional Memory)"这个名词,寓意深刻。他说:"对新加坡来讲,除了向前看未来,还要向后看历史。现在一般在主持大局的都是年轻人。虽然以前的事情有记录、有档案,但是他们没有学院记忆。简单地讲,就是不知道以前发生过的事情。有时候25年前已经做过的事,不是不可以做,而是应该吸取早年的经验。另一方面。因为环境的改变,25年前做不到的事,现在可能可以做到,但是许多事情已经被忘记了。所以我们一定要有历史的记忆。"用我们的话来讲,就是要"吸取历史的经验和教训",李先生提出的"学院记忆"似乎寓意更为特别,他的意思是指一些"堂而皇之"的"有文献记载"的"记录""档案"很可能会掩盖了历史的全部,其实这些"记录""档案"仅是过去所做工作的一小部分,而且往往只是"成功的部分",很多艰难曲折甚至"难以启齿"的经历都不太可能出现在文字记录中,需要"口口相传",因而这些信息往往被曲解、淡化甚至消失在人们的记忆中。

　　在文章的最后,李先生意味深长地指出:"要向外看世界,也要向内看传统。我们有很好的传统,不要把好的东西丢掉,学了人家坏的东西。"

文章7:新加坡数学教学50年

　　这是黄兴丰和金英子根据李先生2009年在南洋理工大学国立教育学院的英文演讲稿编译的[①],在见证新加坡教育历史发展上,李秉彝先生给自己的评价是:"大概我是见证和参与新加坡数学教学纵横发展50年的唯一人。"我们在第一章介绍过,李先生出生于1938年12月,1959年他刚好21岁,在新加坡南洋大学毕业。通过12年的硕博攻读,在非洲马拉维大学、新西兰的奥克兰大学从教之后,1971年他又回到南洋大学从教。而且他就一直关注新加坡的数学教育,这样的"见证人"应该算新加坡的"国宝级人物"。

　　这篇演讲稿以三个热点作为聚焦讨论的话题:(1)数学(教育)改革[②];(2)CDIS[③]教科书;(3)教学方法(当前的热点)。

　　在针对第一个热点"数学(教育)改革"上,李先生介绍了新加坡的课程纲要自1959年前照搬国外经验到之后的本土化历程,有一段话引起笔者的注意:"我认为其中有两个重要的事件对新加坡的数学教学产生了重要的影响。第一个事件,是在1974年,规定了'O'水平的中学数学为必修课程。请你们注意,这里的用词是'规定'。在新加坡,很多事情都很相像。比如,教学大纲,它是在1959年颁布的,但并不是说那一年所有的学校都非得使用这个教学大纲。从颁布到完全实施需要一段时间。另一个事件,是从1976年开始,要求使用英文教授数学课程和实施考试。但直到1984年,才在所有的学校全面实施。由此可见,在新加坡,很多事情都需要时间的打磨,才能完全落实。"这段话一方面说明了新加坡的数学教育改革是谨慎的,他们不像我们国内采取急进式的改革,要求所有学校都按照新的

---

① 李秉彝.新加坡数学教学50年[J].黄兴丰,金英子,编译.数学通报,2013,52(11):1-4,11.

② 原文称之为"数学改革",按照本意应该为"数学教育改革",故笔者调整为"数学(教育)改革",后经李先生核实确认。

③ CDIS是新加坡课程发展所(Curriculum Development Institute of Singapore)的简称。

纲要进行改革;另一方面,新加坡的数学教育改革允许不同的人有一个理解与磨合的过程。当然,新加坡是一个小国,与我国情况很不一样。如果采取磨合的方式,估计我国出台一个新纲要到全国实施可能需要超过 20 年的时间!

李先生在确定第二个"数学教育改革热点"的时候是经过仔细思考的,最后他把新加坡的"CDIS 教科书"确定为一个"热点":"CDIS 指的是新加坡课程发展所,它是 80 年代初由教育部设立的。他们的工作就是编写教科书。"关于"CDIS 教科书"的编写,李先生刚认识笔者的时候就介绍过,有几点让笔者印象深刻:(1)根据教材编写需要对教学大纲进行必要的修改:"教学大纲是确定的,不可更改,所能做的就是给教学大纲作解释。当新加坡课程发展所编写教科书时,他们发现事情并非想象中的那样。但他们属于教育部,做起来就相对简单一些。先只管编写教科书,至于教学大纲,只要后来稍作修改即可。有些内容,让它先进入教科书,然后过段时间,再修改教学大纲,使大纲和教科书保持一致。"(2)参与编写的人不多,但编写时间较长:"由 6 个人全职编写教科书,他们一共花了 5 年时间完成了小学教科书的编写任务。"据李先生向笔者解释,这 6 个人是一线教师,他们边教学边编写教科书,实践性很强。(3)编写过程非常曲折,编写者经常需要与审定者进行磨合:"教科书编写者和审定者之间似乎一直存在冲突,用一句话形容,就是是否'超纲'的争论。编写者对'超纲'感到很为难。如果所指的是考试大纲,我想这是对的。如果学生考试,考试内容不在考试大纲之内,这就是'超纲'。但这不能算超出教学大纲,只是超出了考试大纲。我们鼓励学生创新,鼓励他们尝试用多种方法解决问题,所以我们必须有所突破。那么这算不算'超纲'呢? 画地为牢,怎么可能有创造力? 所以,没有超出教学大纲之说。最多只能说是超出考试大纲。"这或许是李先生提出的"教学大纲是家,不是牢房"的来源吧。(4)这套教材使用年限很长,而且在世界上具有影响力:"CDIS 版的小学教科书已经在学校使用了 20 年,它的影响是深远的。后来其他所有的教科书,都是在 CDIS 版的基础上发展起来的。"在演讲之后回答听众的提问时,他说道:"某些邻国采用了我们英文版的数学和科学教科书,这是事实。"[1]他在

---

① 顾孙越,黄兴丰,译.李秉彝先生《新加坡 50 年数学教育》演讲之答问[J].数学教学,2016,(2):4-5.

另一篇文献[①]上描述道："这套教科书已经在小学使用了20多年,并不全归功于教科书本身的优势,还得益于教育部和教师的大力支持,以及需要花费时间让教科书慢慢成熟的事实。""该套教科书被称之为CDIS教科书。这恐怕是新加坡的第二件大事。它对于大纲设计及教学方法的影响是巨大的,它使得新加坡闻名世界。"

　　在谈到当前数学教育改革热点的时候,李秉彝先生指出:"如果我们把20世纪70年代的数学改革叫做第一次数学改革,那么现在可以说是第二次数学改革。""第二次数学改革的变化在哪里呢? 那就是教学方法,做事的方法不同了。"在这段文字里,李先生分别就情境教学、电化教学、问题解决、分层教学、学生免考升学、数学表达等谈了自己的看法,给笔者印象深刻的有两段文字:一是新加坡为了使一些学习落后的学生能够分层培养,特意成立了"北烁学校"(Northlight School):"新加坡要求所有的学生至少在校学习10年,对于那些未能通过小学离校考试(Primary School Leaving Examination)的学生,他们可以进入特殊学校,比如到北烁学校,继续学习,一直学满10年为止。 当然,要是他们达到标准,他们就有机会回到正常的学校学习,或者升入工艺教育学院(Institute of Technical Education)。"这个内容在笔者与李先生和张奠宙先生的谈话中他就曾提及[②],而且据他介绍,新加坡的家长及学生都很欢迎这所学校!二是关于引领学生到"数学厨房"去学习数学的描述:"有些数学可以在'厨房'里教,并不要所有的数学都在'餐厅'里教。众所周知,菜肴是在厨房里做出来的,然后到餐厅里去享用。餐桌上的菜肴,看上去是如此完美。但是,在厨房的时候,食材大都很脏。数学家是如何做数学的呢? 他们做数学,就像在厨房里烹饪食材,开始很混乱,也许犯了很多错误,甚至都是错的。但是,他们会设法在垃圾中找金子,在错误中寻找正确。"2013年,在新加坡"第三届李秉彝学术研讨会"[③]期间,李先生又对笔者强调了他的思想,这与荷兰数学教育家弗赖登塔尔所提倡的"再创造教学"异曲同工!

　　由于该文总结的是1959年到2009年这50年来新加坡的数学教学,之后在

① 李秉彝.新加坡数学教育50年(1965—2015)[J].吴颖康,编译.数学教学,2016(11):1-5.

② 方均斌,李秉彝,张奠宙.数学教育三人谈[J].数学教学,2009(3):封二-6,11.

③ 方均斌.数学教育需要"播种阳光的人"——记"第三届李秉彝学术研讨会"[J].数学教育学报,2014,23(3):101-102.

《数学教学》上连续两期(2016 年第 11、12 期)发表的由吴颖康老师编译的文献《新加坡数学教育 50 年(1965—2015)》中,李先生继续进行了一些概括,下面把他关于新加坡教改的时间及内容概括摘录如下[①]:

- 1965—1970,新加坡独立后:进行校舍等基础设施的建设,本土化大纲及其实施的开始
- 1970—1980,70 年代的数学课改:数学课改引发了大纲、教科书和教师培训的本土化
- 1980—1995,回到基础:分流学生以降低退学率,CDIS 教科书出版使用
- 1995—2005,新的举措:教学方法显性化,强调过程和在情境中教学
- 2005—2015,数学大纲(2013):引入学习经验和数学建模

总之,在教育领域的重大事件包括(新加坡 1965—2015):

- 改善学校设施
- 合并不同教学语言学校
- 分流小学生和中学生
- 在课堂里使用技术

在数学教育领域,新加坡经历的变化如下所示:

- 直到中四(十年级)数学都是必修课
- 数学用英语进行教学和考试
- 采用差异化的大纲
- 引入五边形框架
- CDIS 教科书的出版
- 在数学大纲(2013)中学习经验显性化

(四) 与国内学者进行数学科普合作研究

李秉彝先生最近一段时间对折纸与数学非常感兴趣。2017 年 5 月他还和黄燕苹老师一起到华东师范大学作专题讲座,与研究生一起分享他们的研究成

[①] 李秉彝. 新加坡数学教育 50 年(1965—2015)[J]. 吴颖康,编译. 数学教学,2016(11):1-5.

果。据笔者了解,他与黄燕苹老师合作撰写了论文①及著作②③④⑤。从折纸这一角度研究数学或者从数学角度研究折纸是很值得推崇的数学科普研究,有兴趣的读者可以参阅他们相关的研究文献。

(五) 为中新两国中小学教师互访牵线搭桥

从前面的相关记录来看,李先生与中国数学及数学教育的联系似乎属于"单枪匹马"的,其实不然。他常带一些新加坡同事或者中小学老师到中国进行学术或者教学上的交流。根据笔者的初步了解,在推动中新两国数学及数学教育交流的过程中,这位"播撒阳光"的学者还是极为用心的。李先生在给笔者的来信中说道:2005 年至 2009 年间的四次访问,NIE 教师和教育部官员分别到达南方、北方和西北各校。每团一般约 10 人,2005 年上半年的团员主要负责中学教学,下半年的团员主要负责小学教学,每次访问都有中小学教师参加。这些访问不只参观,还有座谈交流,主要是走进课堂看教课。2008 年的交流是双向的,交流语言是中文。现在来往的人多了,有团队的,有个人的。这里不妨把李先生牵线搭桥的部分中新两国数学及数学教育交流活动向读者做个介绍。考虑到读者对相关信息的兴趣不同,故根据笔者搜索到的信息,对相关内容尽量详尽地叙述以保持"原汁原味",读者可以有选择地进行解读。

1. 随团访问重庆师范学院

李秉彝先生曾于 2001 年 11 月 18 日至 21 日,随新加坡教育服务考察团到重庆访问、考察,参观了重庆师范学院并进行学术交流。2010 年,他重访重庆师范学院,以下是该校 2010 年的有关报道⑥:

6 月 20 日下午,我校沙坪坝校区综合实验楼学术报告厅座无虚席。应重庆市课程与教学研究基地主任、我校教授黄翔的邀请,新加坡南洋理工大学李秉彝

① 黄燕苹,李秉彝,林指宇.数学折纸活动的类型及水平划分[J].数学通报,51(10):8-12.
② 黄燕苹,李秉彝.折纸与数学[M].科学出版社,2012.
③ 黄燕苹,李秉彝.动动手,练练脑 折纸拼图学数学[M].广西师范大学出版社,2014.
④ 黄燕苹,李秉彝.动动手,练练脑 折纸拼图玩游戏[M].广西师范大学出版社,2015.
⑤ 黄燕苹,李秉彝.动动手,练练脑 折纸拼图七巧板[M].广西师范大学出版社,2015.
⑥ 南洋理工大学李秉彝教授来我校谈"数学教育前沿问题"[EB/OL]. http://news.cqnu.edu.cn/? action-viewnews-itemid-612.

教授为我校师生作了一场关于数学教育前沿问题的学术讲座。

作为国际著名数学家,李秉彝教授首先就新加坡与中国新世纪的数学课程改革的相关问题,以及数学教育中的建模教学问题作了详细介绍。随后,重庆市课程与教学研究基地主任黄翔教授就中国与新加坡数学建模教育的差异等相关问题与李秉彝教授进行了深入讨论。数学学院童莉副教授、仲秀英副教授等,还就新加坡教师培养问题、教学活动经验研究、教师的职前与职后培训等相关问题与李秉彝教授进行了交流。讲座结束后,李秉彝教授耐心细致地回答了数学学院研究生们的问题。

李秉彝先生(左二)在"中国—新加坡 2008 年数学教育交流会"现场

李秉彝教授还在周泽扬校长的陪同下参观了我校大学城校区,他对大学城建设及学校发展给予了高度评价。

2. 中国—新加坡 2008 年数学教育交流会

2008 年 5 月,新加坡教育部苏钊建(Cheow Kian Soh)教授与李秉彝先生带领一批新加坡学者来北京访问,并于 5 月 2 日—3 日举办了"中国—新加坡 2008 年数学教育交流会"。本次会议主办方是新加坡南洋理工大学国立教育学院、中国北京师范大学基础教育课程研究中心,承办方是北京市海淀区教师进修学校、北京市海淀区中关村第一小学、北京师范大学出版社。这里笔者摘录原南京市西街小学的虞春燕老师撰写的会议报道:

中国—新加坡 2008 年数学教育交流会
——南京市西街小学课改教研汇报之十三

2008 年 5 月 2 日—3 日,"中国—新加坡 2008 年数学教育交流会"在主会场北京市海淀区中关村第一小学顺利召开。来自新加坡教育部和南洋理工大学国立教育学院的领导、专家,与我国义务教育阶段国家数学课程标准研制组专家一起交流两国教育改革进程,力图寻求可促进的相通点。

中国—新加坡 2008 年数学教育交流会日程安排

时间		内容	报告人	主持人
5月1日		会议准备		
5月2日	8:30—8:45	开幕式： ● 孙晓天教授介绍来宾及会议主旨 ● 海淀区教育主管致辞		孙晓天
	8:45—9:30	报告《新加坡的数学课程设计》	苏钊建(新加坡教育部)	
	9:30—10:15	报告《中国数学教育发展的变化：评估的视角》	刘兼(中国教育部)	
	10:30—11:15	报告《新加坡的数学教学特点》	李秉彝(南洋理工大学国立教育学院)	王尚志
	11:15—12:00	报告《中国的数学课程设计》	孙晓天(中央民族大学教授)	
	12:00—13:30	午休		
	13:30—14:10	报告《模型方法的研究与发现》	伍师凤(南洋理工大学国立教育学院)	
	14:10—14:50	报告《多元的评价体系研究》	杨淑媚(新加坡教育部)	孙晓天
	14:50—15:40	报告《小学文字题研究》	叶万夏(南洋理工大学国立教育学院)	
	15:40—16:40	会场互动研讨		
5月3日	8:00—8:40	海淀专场 · 研究课《分一分（一）——认识分数》	陈千举(北京海淀区中关村一小)	张丹
	8:50—9:30	研究课《中位数、众数》	井兰娟(北京海淀区中关村一小)	
	9:40—10:20	报告《基于研究、基于实践、用好教材》	郭立军(北京海淀教师进修学校)	
	10:30—11:30	互动研讨	郑茹彬、李秉彝、王长沛、吴正宪 刘可钦、陈千举、井兰娟、郭立军	

【新加坡课改要点】

苏钊建：新加坡数学课程要求简单概括为以下 10 点。

(1)小一开始学数学;(2)必修科目到中学;(3)从小五分度;(4)高年段可有选修;(5)课程以螺旋设计;(6)共同框架,寻求解决问题为重点;(7)从具体、图形到抽象教法;(8)画模型,从中能学到代数概念;(9)注重教师培训;(10)注重教材。

课程以应用数学解决问题为核心,以元认知、过程、概念、技能、态度为五个纬度,形成框架。

李秉彝：新加坡数学课程 2006 年课改偏教学方法,用模型方法解代数应用题,深入进行数学学习与脑反应有关的研究。

伍师凤：展示学生用模型方法解决代数问题的案例。

(1) D 小学有 280 个学生,S 小学比 D 小学多 89 个学生,E 小学比 D 小学多 62 个学生,一共有多少个学生?

(2) 171 升水分别倒入 A、B、C 三个容器当中,容器 B 的水是容器 A 的三倍,容器 C 的水是容器 B 的四分之一,问容器 B 里有多少水?

杨淑媚：从官方角度,介绍新加坡小学离校考试的评价要求、时间安排、题型和缓解分流的措施。

叶万夏：介绍新加坡的课程改革体系和编写教材的理念。

【报告研讨】

在每次领导、专家发言结束后,会场都进行面对面的提问和研讨。有些措施得到了一致的称赞,例如,建立数学模型帮助学生进行题目的分析,计算器作为学习工具进入课堂等。有些问题相当地具有针对性,直接切中疑问的要点,例如,新加坡实行分流、分层教学是否让学生过早地依据成绩进行分化而影响学生发展,国家课程规定六年一大改是否有法律保障等。

感受：新加坡的教育与中国同样存在着应试的问题,学生发展与考核评价的社会认同感如何统一,是共同努力的方向。中国的教育更多地面向了全体大众,这是我们课改最显著的成绩。

【听课互动】

两节公开课后,会场上进行了激烈的研讨,争抢话筒、尽量说服,没有客套话和过多的表扬,只是就课谈教学、谈备课、谈预设与生成,把问题一一罗列开,更重要的是一一给出解答方法,让与会者享受到了一次精神大餐。

　　基本理念:分数学习是学生知识结构构建的难点,既要尊重学生的已有经验,更要依据区域、离散、关系这三个层次进行逐一学习,让学生充分体验知识的形成过程。把平均数、中位数、众数以及学生自动生成的去掉最高量和最低量求出的平均数、极差等,都看成统计量,在"统计"这一个大环境下,思考知识的支撑点,考虑使用它们的不同区域,形成良好的知识体系。

　　3. 中国·新加坡数学教育研讨会

　　2008年7月,李秉彝先生与新加坡教育部及南洋理工大学国立教育学院一行到东北师大进行学术访问。以下是网站的报道①:

　　近日,由东北师范大学教育科学学院、数学与统计学院以及南洋理工大学国立教育学院共同主办的"中国·新加坡数学教育研讨会"在东北师大举行。来自新加坡教育部、南洋理工大学国立教育学院、吉林省教育学院、长春市一线教学单位、东北师范大学的30余位专家学者参加了会议。东北师大校长史宁中、校长助理兼教务处处长高夯出席会议。

　　举办此次研讨会旨在加强中国、新加坡两国在数学教育领域的交流与合作,促进两国数学教育事业和谐发展,为双方更好地开展数学教育提供交流沟通的平台。研讨会主要聚焦中国、新加坡两国数学教育领域的前沿问题,透析目前数学教师职前教育状况,探讨"范式方法"与"多元评价"的研究与发现,展望教学方法的未来趋势。

　　研讨会上,史宁中致开幕辞,新加坡教育学院数学系前系主任、国际数学教育委员会前任副主席李秉彝教授代表新方致辞。与会专家学者就中国、新加坡两国基础教育数学课程改革的有关问题进行了深入研讨。中方代表高夯、马云鹏,新方代表伍师凤、杨淑媚作了重点发言。新方代表李秉彝、黄冠麒(Wong Khoon Yoong)分别为教育科学学院和数学与统计学院师生作了学术报告。

　　4. 中国、新加坡数学课程与课堂教学国际交流活动

　　2008年11月28日—29日,李秉彝先生带领一批新加坡数学教育学者和新

---

① 东北师大主办"中国·新加坡数学教育研讨会"[EB/OL].吉林社科规划网.http://www.jlpopss.gov.cn/?news-1295.

加坡中小学教师来中国开展了一次两国数学教育交流活动。会议在宁波举行，会议通知的前言部分如下：

为加强中国和新加坡两国数学教育学术研究和课堂教学实践的交流，增进两国数学教育工作者的相互了解和合作，定于 2008 年 11 月 28 日—29 日，在宁波举行"中国、新加坡数学课程与课堂教学国际交流活动"。

本次交流活动立足中学、小学数学课程改革与课堂教学实践，旨在增强国际间的数学交流与合作，推动中小学数学教育的改革与发展。活动期间将由中新两国的教育部官员、课程专家、著名教授、名教师做学术报告和课堂教学展示。

活动由宁波大学教师教育学院、宁波市教育局教研室、宁波市中小学培训中心和新加坡南洋理工大学国立教育学院联合主办。由宁波市华茂外国语学校协办。

据报道，来自新加坡南洋理工大学国立教育学院、新加坡各中小学代表 19 人，国内 30 多名专家学者和宁波市的数学教研员、教师近 700 人参加了研讨会[①]。我国著名数学教育家张奠宙教授以及原教育部基础教育司课程教材发展中心刘兼教授、华东师范大学的徐斌艳教授出席了本次会议。笔者是在本次会议中认识李秉彝先生的，之前只是听说但并没有见到他本人。这次接触中笔者被他的演讲及人格魅力所吸引，于是也就有了后续的一系列接触。

本次会议举办得很成功，这里摘录几位老师参会的感想。

针对新加坡老师在会议期间的一堂小学数学展示课的评价，宁波市广济小学的杨宏老师这样写道[②]：

回顾罗老师(新加坡)的整个教学过程，对比自己的教学，我不由得为这位新加坡老师的教学智慧所折服。课堂上，罗老师抓住小学生形象思维占优势的认知特点，精心设计了"制作—比较"的实践活动，把原本抽象、难以感知的几何概

---

① 汪杰峰. 中国—新加坡数学教学研讨会在华茂举行[EB/OL]. 中国宁波网. http://news. cnnb. com. cn/system/2008/12/01/005896701. shtml.

② 杨宏. 在数学活动中演绎智慧的课堂——有感于一次中新数学教育交流活动[J]. 小学教学参考(数学),2009(9)：9 - 10.

念转变成了学生看得见、摸得着、可比较的事物,有效地调动起学生已有的知识经验,让学生在动手实践、解决问题的过程中充分展示自己的思维,并且在相互间的交流中共同分享个体的活动经验,实现了对几何概念的"再创造"。课堂上,学生正因为亲身经历了概念的产生过程,所以建立了几何概念的正确表象。此外,仔细回味罗老师课堂上的两个实验活动,不论是课始的"周长相同、面积不同的长方形"比较,还是课中的"侧面积相同、容积不同的长方体"比较,无不体现出数学教学重在思维训练的特点。可以说,罗老师的课堂是朴素而有深度的,她在教给学生知识的同时,更教给了学生思维的方法。

通过对这位新加坡老师"容积"教学的课堂解读,我深刻体会到,只有关注学生活动和数学思维、灵活运用教学方法、回归数学本身的课堂,才是真正具有数学味的课堂。

针对新加坡老师在会议期间的一堂中学数学展示课的评价,宁波大学教师教育学院邵光华教授等在《新加坡数学特级教师公开课的评析与思考》一文[①]中通过课堂解析后进行思考性总结:

从教学过程我们能整体感觉到,新加坡教师课堂讲解比较多,问题问得也很多,教师显得很有亲和力,表扬不断,注重数学史和数学文化的渗透,课堂上没有合作学习与探究学习形式,都是教师主导,教师发问,跟我国传统的数学课有许多相近之处。但是,教师的引入、引导、内容的处理还是有许多值得借鉴的地方的。

(1)引入自然而适切,教学铺垫呈阶梯递进。在知识引入阶段,教师精心设计安排了三个递进式的铺垫内容,这三个内容从确定方法上看,是逐步逼近二维数字坐标表示思想的,而不是雷同的三个情境创设。这种设计层级教学铺垫的思想是值得提倡和学习的。

(2)课件设计突出了数学主题,而少花哨,避免了学生分神。教师充分利用多媒体的动态演示功能,在由坐标寻找点时,操作上运用了动态性特征,使"思维轨迹"有点栩栩如生,更直观易见。我们认为,课件是辅助教学的,既然是辅助,就必须突出数学本质,不应过于花哨,以防分散学生的注意力,这是目前教学课

---

① 邵光华,周碧恩.新加坡数学特级教师公开课的评析与思考[J].中学数学教学参考(中旬刊),2009(10):25-29.

件制作方面应注意的地方。

（3）内容算法化、程序化。教师对在坐标系中如何根据坐标找点、如何根据点找坐标进行了详细的说明，达到了算法化程度。从教师课前发的学习页上也可看出。学习页上，通过一个样例——确定点(2, 3)的位置，给出了如何在一个图中确定点的位置的程序步骤。数学学习中，样例学习方式在一定意义上可以借鉴，尤其是低年级，这是一种有效的学习方式。

（4）通过大量的练习让学生理解、掌握知识内容和方法。教师设计的课堂练习活动比较多，整节课学生几乎都在思考教师的问题。数学教学不可少了练习，练习对学好数学尤其重要。注重课堂练习也是我国数学教育的传统。目前，一些走向极端的过于注重过程的数学课堂，几乎没有了练习活动时间，这对数学学习是非常不利的。如果过程和结果只能选其一，我们的选择大概只能是结果。在数学课堂上，注重必要的过程是没有错的，但是，为了过程而轻视结果是不允许的。一堂只有过程而没有结果的课比只有结果而没有过程的课更要不得。在过程与结果的天平上，大概支点放在靠近过程的三分点较为合适。如此，我们认为，即便在注重探究过程的数学课堂上，练习时间一般也不应该少于三分之一。

5. 中国—新加坡数学教育 2009 研讨会

2009 年 6 月 8 日—12 日，李秉彝先生率团到陕西师范大学数学系进行访问。以下是相关的报道：

李秉彝先生（第 1 排左一）在"中国—新加坡数学教育 2009 研讨会"会议现场

"中国—新加坡数学教育 2009 研讨会"在我校召开。会议由新加坡南洋理工大学和我校共同举办，我校承办。新加坡教育部官员高德宏（Kho Tek Hong）博士、南洋理工大学李秉彝（Lee Peng Yee）教授（曾任国际数学教育委员会执行副主席）、赵东升（Zhao Dongsheng）博士等 12 位专家学者参加了会议,我校有近 10 位专家与会。

6 月 9 日—10 日,新加坡数学教育专家与我校专家先后深入到陕西省乾县一中,我校附小、附中等三所中小学进行了调研,并深入课堂与中小学老师和学生进行了座谈交流。

6 月 11 日上午,新加坡数学教育专家在数学与信息科学学院分别为师生作了 7 场精彩的报告,何秋燕博士作了题为"小学数学的可视化"(*Visualization in Primary School Mathematics*)的报告、梁耀鸿博士作了题为"初中几何证明的教学"(*Teaching Lower Secondary Geometry Proof*)的报告、黄诗洁博士作了题为"新加坡小学简介"(*A Short Introduction about Singapore Primary Schools*)的报告、郑伟光博士作了题为"统计教学中 R 语言的运用"(*The Use of R Language in the Teaching of Statistics*)的报告、李多勇博士作了题为"关于多重傅立叶级数的杨(*Young*)定理的改进"(*A Refinement of W. H. Youngs Theorem Concerning Multiple Fourier Series*)的报告、叶国菊博士作了题为"关于亨斯托克—科兹威尔积分的若干问题"(*Some Problems with the Henstock-Kurzweil Integral*)的报告、赵东升博士作了题为"斯各特拓扑的若干问题"(*Problem on Scott Topology*)的报告。在报告中,各位专家与在场师生进行面对面交流,并回答了同学们的提问。报告结束后,新加坡数学教育专家与我校数学教育专业的教师进行了深入的交流和研讨。

6 月 11 日下午,新加坡数学教育专家范良火、李秉彝教授做客教师教育论坛,在长安校区六艺楼报告厅,先后为广大师生作了题为"中新两国数学教师培养和专业发展的比较与分析""当前的课程改革是有改还是没改"的专题报告,我校西安地区部分实习基地学校指导教师代表、广大师生 400 余人聆听了报告。报告会由数学与信息科学学院博士生导师罗增儒教授主持。报告结束后,范良火、李秉彝教授分别和在场师生围绕有关问题进行了交流和互动,对师生的提问进行了详细解答,并勉励在校大学生要心怀远大目标,努力学习,争取为社会发展作出重要贡献。

会后,双方就进一步加强合作交流进行了深入探讨,并达成广泛共识,双方决定将在教师互访、学生互派方面开展实质性合作。

6. 带领林雪珂博士到集美大学访问

2011 年 9 月 29 日下午,应集美大学教务处和理学院邀请,李秉彝先生和南洋理工大学国立教育学院的林雪珂博士到集美大学交流。林雪珂博士作了题为"新加坡师资培训的新动向"（*Mathematics Teacher Education in Singapore*）的学术报告。报告会由集美大学理学院院长晏卫根教授主持，理学院和教师教育学院的部分教师及学生参加了本次活动。

林雪柯博士在集美大学作学术报告的会议现场

林雪珂博士首先介绍了新加坡的初等教育体制、师资培训的途径和现状。接着，林博士就新加坡南洋理工大学国立教育学院所承担的国家初等教育师资培训的办学体制、办学规模和各层次师资培训的课程设置作了介绍。林博士还介绍了该学院的硕士教育和博士教育体系。最后，李秉彝先生作补充，回答听众的问题。李先生的幽默风趣、丰富的体态动作感染了大家。报告会后，两位新加坡客人还与教务处领导和理学院教师们进一步交流座谈。这个学术报告会让大家了解了新加坡的初等教育师资培训及其改革现状，拓宽了在座师生们的视野，使他们得以从另一个角度重新审视我国的初等教育改革①。

结语

李秉彝先生对中国数学教育所做的工作可谓"四面开花"，从本章所列举的工作中足见这位睿智的学者对推动中国数学教育发展的良苦用心。同时，他的举措也给我国数学及数学教育界以很大的启发：一门学科的发展需要"播撒阳光的人"，也需要一些懂得"如何沐浴阳光"并使自己茁壮成长的学者。李秉彝先生等国际友人的"一呼"与国内诸如张奠宙教授这样的一些学者的"一应"，使我

---

① 新加坡南洋理工大学李秉彝博士和林雪珂博士到理学院作学术报告[EB/OL].集美大学教务处网.http://www.doc88.com/p-4847075232692.html.

国数学教育朝着具有"中国特色"的方向茁壮成长。近年来,国际社会对中国数学教育发展带有敬畏性的侧目以及 2020 年将在中国上海举办的"第十四届国际数学教育研究大会"正是我国数学教育界借助国际力量发展自己的最好例证,这与诸如李秉彝先生这样的国际友人的助力是分不开的。"李秉彝先生,谢谢您!"这是笔者的心声。

附录：李秉彝先生访华年表

年份	月份	活动内容	地点	备注
1980 年		访问	北京师范大学	随东南亚数学会
1983 年		报告	华东师范大学	
1985 年	11 月	报告	西北师范大学、甘南师范学校	
1987 年	5 月底—6 月初		西北师范大学	
1989 年	11 月		西北师范大学	
1991 年	8 月 5 日—9 日	会议组织	北京师范大学	国际数学教育北京会议
		讲座	西北师范大学、兰州天水、山东淄博	
1993 年	约 9 月—11 月		集美师专	厦门实分析会议
1994 年	8 月	参会	华东师范大学	国际数学教育上海会议
1995 年				西北师大
2001 年	11 月 18 日—21 日	访问	重庆师范大学	重庆师范大学学报(自然科学版),2001,18(4):7
2002 年	8 月 17 日—19 日	访问	西南大学	协助、召开 21 世纪数学课程与教学改革国际学术研讨会(重庆)(ICM 重庆分会)
2003 年		访问、讲座	西北师范大学	
2005 年		访问、交流	南京师范大学、华东师范大学	交流中学课堂教学第 3 届东亚数学教育会议
2008 年	5 月	会议、访问	北京	访问北京教育学院中国—新加坡 2008 年数学交流会

年份	月份	活动内容	地点	备注
2008 年	7 月	会议、讲座	东北师范大学	中国—新加坡数学教育研讨会
2008 年	11 月 28 日—29 日	会议、讲座	华东师范大学、宁波大学、温州大学	
2009 年	3 月 6 月	会议、讲学	西安、南京	访问陕西师大,交流数学与数学教育
2009 年	6 月 8 日—12 日	访问	陕西师范大学数学系	中国—新加坡数学教育 2009 研讨会
	6 月 13 日—19 日	讲学	南京师范大学、河海大学	
2010 年	7 月	参会	杭州师范大学	全国数学教育研究大会
2010 年	6 月 20 日	学术讲座	重庆师范大学	
2011 年	9 月 29 日	访问	集美大学	
	6 月	访友	镇江	
		讲学	南京师范大学、河海大学	
2013 年	6 月 15 日—16 日	会议	华东师范大学	未来十年中国数学教育展望学术研讨会
		学术讲座	温州大学	温州大学
2017 年	5 月 16 日—26 日	学术讲座	华东师范大学	筹备 2020 年在上海举行的国际数学教育大会

第三章

李秉彝数学教育观点述评

2017 年 5 月，李秉彝先生为华东师范大学研究生举行关于"折纸中的数学"专题讲座场景

　　李秉彝是一位数学家，他对数学有自己的研究和体会，同时，他热心数学教育，对数学教育有自己的独特思考。此外，他喜欢戏剧表演、精通多种语言、善于与人沟通，长期的数学研究及数学教育活动组织工作使他的足迹遍及全世界，并在与他人沟通的过程中，不时闪烁出一些思想火花。接触过李先生的很多人都有这样的体会：他眼界开阔、言语幽默、思想活跃、乐于沟通，是一位充满吸引力的聪慧学者。不少数学教育工作者和他见面聊上一两句或者听他的讲座之后往往就被吸引住了，笔者也是在 2008 年与他接触过程中续上了缘分的。在笔者的眼里，李先生影响中国数学及数学教育的很重要的一部分是他对数学的理解及他的数学教育思想，有些论述如"上通数学，下达课堂"、"大纲是家，不是牢房"等已经为一些学者所熟知，而有些论述随着时间的推移，相信会得到更多教育工作者的认可。李先生的这些论述若能够得到及时传播，将对我国教育界尤其对数学教育界产生积极的影响，其价值重大。本章就李先生在不同场合所提出的一些典型论述进行整理，并就这些论述对国内数学及数学教育工作者的影响以笔者的思考与读者进行交流。尽管属笔者一孔之见，但或许读者能够从这些材料中得到启发或者挖掘出更多的内容，这也是笔者所期待的。

第一节　上通数学，下达课堂

一、原文出处

根据笔者查阅的资料，李秉彝先生最早使用这句话的文献源自 1996 年给周学海所著《数学教育学概论》写的序言①，他写道："我以为数学教育研究的源泉和进展的方向应该是与数学保持密切的关系，同时也应注意在课堂内的实用价值，否则数学教育的意义就不太大了。这正是数学教育应'上通数学，下达课堂'。"他继续说明："本世纪数学的新进展无可否认首推其新应用。数学的传统的应用是在天文学、物理学以及其他科学方面，现在数学的应用已扩充到经济学、环境学等古典科学以外的领域。由于新应用，许多新的数学学科也应运而生，诸如统计学、运筹学、计算数学、离散数学等等。再加上计算机的使用，旧有的数学面貌已经改观了。这就促使大学的课程也应作出相应的更改，中小学数学教学是不能忽视这一不可逆转的大趋势的。因此数学教育必须'上通数学'。""另一方面，数学课堂教学也在改变中，社会的变迁影响了课堂环境。中小学课程在改变，譬如少了几何，多了统计。教学法也在改变。其主导思想是少教多学，即教师少教，学生多学。假如数学教育的研究不能最终协助课堂教学的改进和提高，就将不会被重视，因此数学教育必须'下达课堂'。"

很明显，李先生的理由很充分：数学教学必须既要跟上数学发展的节奏，又要与现代课堂教学的理念吻合。之后，李秉彝与国内学者在一些合作的学术交流文献中以多种方式表达了这个观点，这里不妨摘录几个：

● 与张定强合作发表的《本世纪数学的新进展及其对数学教育的影响》的开头语：

数学教育应该是上通数学下达课堂，否则意义就不太大了。因此论及数学教育非从数学讲起不可。本文简要概述本世纪数学的一些新进展，并将其对数学教育的影响作一分析。

---

① 周学海.数学教育学概论[M].东北师范大学出版社，1996.

● 与张奠宙、方均斌老师合作的《数学教育"三人谈"》[①]主题之二、三（全文详见第四章）：

主题之二：数学教育的理论与实践——关于"上通数学、下达课堂"

在这段主题为"数学教学必须'下达课堂'"的讨论中，李先生指出："数学家往往不大懂得数学教育中一些特有的规律，有时候提出的看法似乎是要求学生将来都成为数学家。数学教育家领导国际数学教育委员会，可以避免这个缺点，也有助于数学教育学科的独立。这是好的方面。不过，另一方面，研究数学教育的人都想自己成家，弄出不少特有的理论出来。某些数学教育理论基本脱离数学载体，又和课堂挂不上钩。现在许多数学教育工作者有这样的一种担心，就是怕国际数学教育委员会研究的方向会越走越理论化，离开课堂实际太远。"特别地，在对比东西方数学教育理论与实践特点的时候，李秉彝先生指出："美国人如果有一个新研究，他就搞一套新理论，给出了很多新名词，这些名词听起来好像很漂亮，然后进行包装后卖给你。西医也是如此，发现一种病，一种症状，一种药，都会带出一套新名词。有些是会糊弄人的。我们搞行动研究，就不搞这一套，必须用老师能够听得懂的语言来介绍，需要体验别人如何接受的过程。"

主题之三：数学教育必须"上通数学"——警惕"去数学化"的倾向

这段谈话，主要就国际数学教育中存在的"'去数学化'的不良现象影响到我国"这样的话题进行讨论，张奠宙先生首先就这个现象表达了自己的忧虑，认为我国目前数学教育中"去数学化"的现象很明显。李秉彝先生用例子说明："数学教育不能离开数学的本质。"并认为目前数学教育中"去数学化"的现象"不仅是中国的问题，也是国际上的共性问题。我觉得数学界、数学教育界、教育界三者要彼此跨界，一旦跨界了，很多事情就可以交流"。这或许就是李先生提倡的数学教育要"上通数学，下达课堂"的呼吁之所在。

二、评论与引用

（一）华东师范大学的张奠宙教授

对李先生的这一论述，张奠宙先生除了自己参与相关的讨论外，又于 2002

---

① 方均斌，李秉彝，张奠宙.数学教育三人谈[J].数学教学，2009，(3)：封二，1-6，11.

年在《关于数学教育学报文风的建议》一文中以"上通数学,下达课堂"作为子标题指出:"数学教育的论文不能等同于一般的教育学和心理学论文,也不可以仅仅是教育学结论加上数学例子的验证。数学教育论文的根本任务是揭露数学教育的特殊规律,以及一般教育学规律和数学教育实践相结合的成果。数学教育的研究论文应该和数学相通又能够应用于课堂。"[1]

(二) 重庆师范大学的黄翔老师[2]

黄翔老师在《关于数学教育研究的若干问题——与李秉彝教授的讨论》一文中也以"上通数学,下达课堂"为子标题专门予以讨论。在该文中,黄老师引用了李秉彝先生的两句话:"我们系就叫数学与数学教育系,就是强调数学与数学教育的不可分。""在国际上有一种观点,包括美国尤西斯金教授等也持这样的观点,即搞数学教育不一定要学那么多专门的数学,针对中小学老师应有'学校数学'(School Mathematics),教老师的数学不一定是要与其他本科的数学相同。"作者认为李先生的"上通数学,下达课堂"观点以及新加坡的做法对我国数学教育很有启发。

(三) 其余学者的引用情况

李秉彝先生这句名言在我国数学教育工作者中影响很大,常看到一些老师在学术交流(如讲座等)、学术文献中运用,限于篇幅,这里不妨摘录几位老师的引用情况。

1. 刘东升

刘东升老师在《直达高中名校　初中数学是这样学好的》一书[3]的简介中就直接引用了李先生的这句名言:"本书以丰富而接地气的真实案例编写,上通数学,下达课堂,关注眼前利益(有解题能力培训和应试指导),更重视长远利益(重视学生的数学素养、兴趣培养)。"这是"上通数学,下达课堂"在我国基础教育"落地"的一个体现。

---

① 张奠宙.关于数学教育学报文风的建议[J].数学教育学报,2002,11(4):98-99.
② 黄翔.关于数学教育研究的若干问题——与李秉彝教授的讨论[J].数学教育学报,2002,11(2):14-17.
③ 刘东升.直达高中名校　初中数学是这样学好的[M].浙江大学出版社,2015.

2. 陈爱飞、毛小燕

陈爱飞和毛小燕对陈柏良的《数学课堂教学设计》书评就以"上通数学,下达课堂:评陈柏良的《数学课堂教学设计》"[①]为标题进行点评,尽管全文除了标题以外没有出现"上通数学,下达课堂"的字眼,但描述的确实是对李先生所表达含义的一种理解。

3. 王强芳、王芝平

王强芳和王芝平老师在《蝴蝶飞舞进考苑》一文[②]的摘要中就引用了"上通数学,下达课堂"来评价数学命题教师。看来,"上通数学,下达课堂"在国人的眼里,已经成为褒扬数学教育工作者成功实施数学教育的一种表达方式:

经过多年实践和理论探索,高考数学已形成了"考查基础知识的同时,注重考查能力"的命题原则。而数学命题专家多数是大学里的数学高人,他们"上通数学,下达课堂",经常设计一些具有深刻数学背景又不乏新意的试题,以突出考查考生的综合数学能力。

4. 尹建华、徐琳、刘丽珊

尹建华、徐琳、刘丽珊这三位老师在《谈数学分析课对师范类学生的培养》一文[③]中的开头语上写道:

国际著名数学教育学家、新加坡南洋理工大学教授李秉彝,曾就数学本专科毕业生应具备的素质说过,师范类高等学校数学专业的毕业生应具备"上通数学,下达课堂"的基本素质。也就是说他们既应该具有较高的数学专业知识素养,也应能将这些知识有效地应用到中小学课堂中去。

显然,李秉彝先生的观念影响到我国师范生的培养,意义重大。

5. 张彦春

张彦春老师在《高师"初等代数研究"课程教学改革探索》一文[④]摘要中

① 陈爱飞,毛小燕.上通数学,下达课堂:评陈柏良的《数学课堂教学设计》[J].中学数学杂志,2013,(9):42,65.
② 王强芳,王芝平.蝴蝶飞舞进考苑[J].中学数学教学参考,2009(4):21-22.
③ 尹建华,徐琳,刘丽珊.谈数学分析课对师范类学生的培养[J].河北民族师范学院学报,2013,33(2):10-11.
④ 张彦春.高师"初等代数研究"课程教学改革探索[J].乐山师范学院学报,2015,30(8):110-113.

写道：

初等代数研究课程是高师院校数学与应用数学专业开设的专业必修课。为了实现"上通数学，下达课堂"的目的，对课程目标、内容、教学模式以及考核评价进行了一系列的改革并取得初步成效。在学生的小组合作、研究性学习的评价以及学生解题能力的培养上还需进一步研究。

在师范教育中，"初等代数研究""初等几何研究"是两门高等数学与基础教育数学联系比较密切的课程，高校教师意识到其与"上通数学，下达课堂"之间的联系，这是我们乐于见到的。

三、笔者感言

前面笔者整理了这句名言的出处以及李先生在不同场合的解读，同时摘录不同学者的理解及引用这句话的情况，试图给读者一个较为完整的认识。通过上述的整理以及笔者与李先生的接触，笔者有以下三点认识。

（一）给基础教育和高等教育以很大的警示

我国数学教育大致可以分为两个阶段，即基础教育阶段和高等教育阶段。在基础教育阶段的数学教育中，大部分老师高校毕业之后就在数学课堂上"摸爬滚打"，而与在大学所学习的"高等数学"或者"高观点数学"似乎渐行渐远，其数学理解在"向学生靠拢"，可能留下的仅是"解题技巧"或者"解题经验"，此即所谓的"教学经验"。然而，他们对现代数学的发展动向以及思想动态则可能知之甚少，甚至对所接触的数学问题的深层次背景也难以把握，李秉彝先生的"上通数学"恰恰给这些老师予以警示！相较而言，高等院校的数学教学，一些高校数学教师尽管数学修养很高，但他们往往不考虑学生的情况，只管按照自己的理解去教，教学方法仍然采取一讲到底的灌输式教学，与学生互动很少，教学方法陈旧，较少关心教学方法发展的最新情况，高深的数学无法"下达课堂"，李先生的警示对他们而言是"及时雨"。

（二）对教育关联是一个迁移性很强的启示

李秉彝先生根据自己长期的体会讲出这句寓意深刻的"教育谚语"，使人对与教育相关的要素产生各种各样的联想与启示。如一些学者在文献中使用了这些表述："上通国际主流,下达课堂教学"①"上通理论,下达课堂"②"上通现代数学,下达中学课堂"③"上通数学,根植课堂,紧系高考"④等,尽管有些文献并无表明这些"迁移性文句"的出处,但从相关的语境来看,很可能是"上通数学,下达课堂"的延伸。李秉彝先生这句话开启了我们所有教育工作者对学科教育纵横关系的遐想,不仅有"上通……,下达……",而且还有"左傍""右依",不知道读者是否有兴趣"造句"?

(三) 是呼唤齐心协力办教育的肺腑之言

一个不可否认的事实是,学生在校期间绝大部分时间是通过学科课程接受教育的,然而,学科教育的研究资源及其评价与一般教育相比是如此的微不足道,国家支持的研究课题也是如此的贫瘠。一些大教育学者为无法深入学科而苦恼,甚至患上了"怨妇情结"⑤,这是我国目前学科发展与大教育之间在学科教育方面很不和谐的一面。其实,这不仅是在我国,在国际上很多国家也存在这样的现象。以美国的数学教育为例,美国有一批热心于数学教育的数学家,但这些数学家在如何融合到数学教育中也存在不少的问题。美国水牛城纽约州立大学计算机科学和数学退休教授罗尔斯顿(A. Ralston)曾发表文章,该文从数学家介入数学教育的正面和负面影响进行阐述。在正面影响方面,主要历数了在内容安排、保证科学性、数学方法、在职教师的培训和职前教育中数学家参与所产生的积极影响;在负面影响方面,则在数学家参与数学教育改革的形式、观察数学教育的视角、计算器的使用、数学的精确性、傲慢的态度等方面进行了简述⑥。

---

① 李士锜,张奠宙.上通国际主流　下达课堂教学——2001 年"数学学习研究"数学教育高级研讨班纪要[J].中学数学教学参考,2002(1-2):1-4.
② 郑毓信.数学教育研究者的专业成长[J].数学教育学报,2013,22(5):4-8.
③ 何龙泉.上通现代数学,下达中学课堂——数学高考压轴题的数学背景分析[J].中学数学研究,2006(4):39-42.
④ 陈行.高三阶段数学研究性学习初探——以一道圆锥曲线题为例[J].数学教学通讯(教师版),2011(3):6-8.
⑤ 方均斌.克服"两种病态情结",推动学科教学论建设[J].中国教育学刊,2014(12):50-54.
⑥ 黄兴丰编译.美国数学家与数学教育家之间的一场数学战争[J].数学教学,2006(7):46-48.

该文最后在结论部分上写道：

虽然数学家在最近几年对数学教育有一些积极的贡献,但数学家没有把握好促进美国数学教育改革的机会。当他们参与数学教育时,不再像自己从事专业研究那样严谨,有时是无根据的判断和随意的结论。另外,那些对中小学数学教学没有什么经验的数学家,应该谦虚一些,因为他们在大学的经验,跟中小学教育是不太相关的。数学家应该把自己看成是数学教育家的同事,多对中小学数学教育提出建设性的批评,积极推荐更多的有识之士直接投身于中小学数学教育。

这篇文章讲述的是数学家与数学教育家之间的"战争",实际上,一般非数学教育家的教育者与数学家之间存在认识上的差异可能更大,有时甚至存在一条无法跨越的专业鸿沟。李秉彝先生的"上通数学,下达课堂"提出了数学学科要与教育"和谐相处",指出了没有数学学科的"上",便难以落实到课堂的"下",表达了大家需要齐心协力共同搞好学科教育的心声。

第二节　教学大纲是家,不是牢房

笔者在与李先生的接触以及所查阅的李先生相关文献中发现,由于新加坡国土面积小,他们教育机制运作的相关信息马上能够得到及时的反馈与处理。例如,教学大纲运作过程中,他们发现在编写教材以及考试命题方面,与教学大纲产生了某些冲突,比如内容范围超过大纲原先规定的范围等。李秉彝撰文写道:"大纲是家,不是牢房。所以这次大纲的成果要看什么呢?就看2016年的初四会考。我们小学会考已经超纲了,所以就引起很多报章评论。这是好事,表示我们真的做到了。初中的会考还没有到,我们正在筹备中,还有几年的时间,到2016年,看看这次能不能出现像上次小学会考超纲的那种情况。"①原《数学教学》主编张奠宙先生对"大纲是家,不是牢房"这句话赞赏有加,特意在《数学教学》的"教育随笔"栏目中以"《课程标准》是家,不是牢房"为题进行了一番议论,

---

① 李秉彝. 新加坡的经验[J]. 数学教学,2013(12)：1-2.

这里不妨转载如下①：

去年6月的"数学教育十年展望学术研讨会"上，新加坡的李秉彝先生在演讲中说到"《数学课程标准》是家，不是牢房"。说得好，值得我们认真玩味和思考。

新世纪以来的课程改革，成绩人所共见，缺点也有不少。其中有个不尽人意的地方，便是有点把课程标准当作牢房的意味。例如，教材编写必须完全照样办理，无论涉及的内容是否重要，都不准越雷池一步，否则审查就不能通过。遵守课程标准的核心要求，原则上是对的，某些指导性的规定，必须有刚性的约束，以体现课程标准的严肃性。但是，在一些具体问题的处理上，还得要实行"百花齐放，百家争鸣"的方针，允许多种风格的教材出现，过分的统一对数学教学的发展是不利的。

例如，由于以往的"算术应用题"太繁琐，所以规定现今教材里的"应用题"的提法，一律改成"问题解决"。于是"应用题"三个字就从小学数学教材里消失了；再如，乘数、被乘数的名被禁用，一律统称为"因数"、"倍数"，其实这是一个有争论的学术问题。3×5是5个3相加，5×3是3个5相加，二者在数量上相等，在意义上却不同，过去刻意强调区别，弄得好像乘法交换律都不成立了，这需要改革。但是具体如何处理妥当，是一个需要在"家"里讨论的问题，不能把某种规定当成法律条文一样，把不同意见简单地判为非对即错，画地为牢。

记得20世纪90年代，《数学教学大纲》要在立体几何课程里使用向量，起初大家有不同意见，讨论的结果是：采用向量方法和使用综合方法的两种意见并存，编了两种教材，由教师自主选择。试验了几年之后，才由广大教师的教学实践作出裁决。这是民主决策的体现，体现了"教学大纲是家"的理念。《课程标准》既然是"家"，那就要多多听证，调查研究，尊重实践，尊重科学，发挥广大数学教育工作者的积极性。这使人想起了芬兰的数学教育。《文汇报》2013年12月12日的一篇报道（"世界变了，教育怎能不变"，作者樊丽萍）提到：

上海考察团的成员们感到震撼的是芬兰的教育理念。为什么芬兰允许教师有这么大的自由度？芬兰教师享有的自由，几乎让世界很多国家的老师都艳羡。

---

① 张奠宙.《课程标准》是家，不是牢房[J].数学教学，2014(3)：封底.

比如,整个义务教育阶段的数学教学大纲只有寥寥10页纸,老师想怎么上课,选什么教材都行,连学校的教室装潢,老师都可以按照自己的意志布置。这些教师握有的"自由"并不是平白无故的,而是基于芬兰人对于教育的前瞻思考:学校的使命是"创造未来",而现在的世界正变得和过去不同。

我们的"数学课程标准"未必限定"只有寥寥10页纸",但可否抓大放小,给教材编写者以及广大教师更多的教学自由度呢? 用提出问题,指明导向的方法引导大家"回家讨论,形成共识",也许会更符合"双百方针"的精神罢。

其实,除了张奠宙先生外,国内教师也在不同的场合就这句话谈了自己的看法。例如,江苏省梁丰高级中学的施冬芳老师以"课标是家,不是牢房"为题,谈了作为一线数学教师对如何处理教学与课标之间关系的看法[①]。李秉彝先生的这一思想也被国内一些学者引用,例如:肖凌戆老师撰写的《〈普通高中数学课程标准(实验)〉的修改建议》[②]就借鉴了这个思想。李先生的提法给国内教育工作者在对国家课程标准的认识上带来了全新的观念,也引发了笔者的思考。

(一)《数学课程标准》本身是一部探索性、时效性文件

从1904年的"癸卯学制"算起,到近期颁发的《数学课程标准》(原来称之为《数学教学大纲》)为止,我国先后公布了20多个数学教学大纲(自20世纪90年代,我国的《数学教学大纲》更名为《数学课程标准》)。也就是说,《数学课程标准》都是临时性文件,既然属于临时性文件,就需要人们不断地探索,而最有发言权的探索者自然是广大的数学教育工作者。首先,《数学课程标准》编写属于人为的,存在一定的"人为性",应该允许教师进行必要的探索,把其当作"温暖的家"而非"冷冰冰的监牢"! 其次,《数学课程标准》编写具有"时效性"。如果我们观察1904年的"癸卯学制"到现在的最新的《义务教育数学课程标准(2011年版)》,我国基本上是平均每五年更新一次《数学课程标准》,这也说明《数学课程标准》仅是一个具有"时效性"的文件,这样的文件既然具有时效性,更加没有必要扮演一个让教师"不得越雷池半步"的角色,而应该属于"教师主要参考的教学

---

① 施冬芳.课标是家,不是牢房[J].中学数学(高中版),2016(3):51-53.
② 肖凌戆.《普通高中数学课程标准(实验)》的修改建议[J].中学数学教学参考(上旬)2014,(9).

指导纲领性文件"！作为纲领性文件，必须有一些刚性约束，以体现课程标准的严肃性，但没必要也不应该"画地为牢"！

(二)《数学课程标准》也应该具有科学性和艺术性

尽管"家有家规"（科学性），但在这个"家规"前提下更应该体现"家的温暖"（艺术性）。首先，《数学课程标准》是一部指导教学的文件。教学既是科学又是艺术，《数学课程标准》也应该具有科学性和艺术性。然而，科学是在不断发展的，科学的生命力不仅在于严谨更在于创新。而从艺术性角度上讲，艺术的生命力在于创造性和探索性。也就是说，无论从科学性还是艺术性角度，《数学课程标准》应该具有"家"的属性，而非监牢！其次，基础教育阶段的《数学课程标准》是一部引领我国基础教育发展的文件。这种发展需要来自第一线教育工作者的实践总结和专家的凝练，那就必须允许第一线教育工作者进行探索，允许他们"超纲"。

(三)《数学课程标准》的生命力在于鼓励创造性

以《义务教育数学课程标准(2011年版)》为例，该《数学课程标准》中13处提到"创造"两字，19处提到"创新"两字，当然，也有3处提到"以本标准为依据"和1处提到"以课程目标和内容标准为依据"，主要是针对教材的编写和教师在使用教材的时候提醒需要考虑的。如何理解"创造""创新"和"以本标准为依据"这样的似乎可能在某些场合存在教学行为冲突的表述？这很值得思考。因为人们显然不欢迎一部不鼓励创造精神的《数学课程标准》，而鼓励创造精神的《数学课程标准》显然不可能画地为牢。

第三节　要接着走，不要照着走

如何看待外来的教育理念或者教育理论？李秉彝先生讲了一个富有哲理的寓言。这个故事大致意思是这样的：非洲有一个民族，一向居住在一种木屋内，晚上燃火照明。后来，"欧洲人"来了。告诉他们电灯比燃火照明要文明得多。于是，所有木屋都装上了电灯，开始大家都说好。但是一年之后，所有木屋忽然都倒塌了。原因何在？原来每天燃火时会冒烟，烟把各种昆虫赶出屋外。现在使用电灯，没有烟薰，昆虫大量繁殖。屋顶被昆虫蛀坏，木屋轰然倒塌。[①] 2009年笔者与李先生、张奠宙先生谈话的时候，也就这个话题进行过讨论。当时主要就以"建构主义"这一"舶来品"在我国实施为例，要求数学教育改革在引进他人教育理论的时候应该慎重，不要盲目追从。李秉彝先生在谈及教育改革的时候一直坚持"要接着走，不要照着走"这一理念（他多次与笔者提起这个看法，最近的一次是在2017年5月拜访张奠宙先生的家中提及）。特殊的经历及地理位置使他的视野遍及全世界，新加坡的数学教育改革经历了本土化的过程，更由于新加坡国民来自世界各国，他们的改革经验很值得我们学习。我国数学教育改革其实也经历过从解放后先学习苏联，然后自己独立探索，再借鉴西方国家，到最后逐渐独立的一个过程，随着我国国力的全方位发展，民族越发自信。2009年、2012年、2015年我国部分地区在参加国际经合组织开展的PISA测试中，"数学、科学、阅读"三个科目的横向测试均很优秀，尤其是2009年、2012年，我国上海地区参与PISA测试，"数学、科学、阅读"成绩均为第一，引起了世界特别是西方国家的关注。英国派人到我国考察，他们开始对上海学生的数学"一课一练"以及数学教科书进行了翻译并在英国使用。张奠宙先生一再强调我国数学教育要坚持民族自信，不能盲目照搬西方的做法。足可见，李秉彝先生的这一寓言在数学教育改革上确实寓意深远，值得回味。

　　笔者受其启发，对我国在问题教学上的各种工作进行研究[②]，发现我国在数学问题教学上确实是"要接着走，不要照着走"，说明这样的数学教学改革理念与我国目前学者的做法恰好吻合！

第四节　要带领学生参观"数学厨房"

　　李秉彝先生在《新加坡数学教学50年》的演讲最后总结道：有些数学可以在"厨房"里教，并不要所有的数学都在"餐厅"里教。众所周知，菜肴是在厨房里

---

① 张奠宙，赵小平.有关教育改革两则寓言[J].数学教学，2005(12)：封底.
② 方均斌."数学问题解决"研究的中国特色[J].课程·教材·教法，2015，35(3)：58－62.

做出来的,然后到餐厅里去享用。餐桌上的菜肴,看上去是如此完美。但是,在厨房的时候,食材大都很脏。数学家是如何做数学的呢?他们做数学,就像在厨房里烹饪食材,开始很混乱,也许犯了很多错误,甚至都是错的。但是,他们会设法在垃圾中找金子,在错误中寻找正确。当我们教数学的时候,却是另外一件事了,先费一番苦心,精心雕琢,要把色香味俱全的菜肴,呈现在餐厅里。我可能夸大其词了。事实上,并不是每个人都想成为厨师,我们也并不想要所有的学生都成为数学家。因此,在餐厅里教数学是有道理的。但是,我们也可以考虑在厨房里教些数学,让学生感受一番做厨师的味道,原来美味的菜肴是如此成就的。[①]早在2009年,李先生在接受笔者采访的时候,多次用烧菜与数学教育进行一些类比。[②] 2013年11月,笔者在新加坡与李先生在餐厅吃饭的时候,他也对这一想法进行了强调。李秉彝先生并非要求所有的数学"都在厨房里教",而是"我们也可以考虑在厨房里教些数学",笔者把他的思想概括为:要带领学生参观"数学厨房"。他的想法与荷兰著名数学教育家弗赖登塔尔的"再创造教学"具有异曲同工之妙!李秉彝先生这一生动比喻一下子打开了笔者的思路。

(一) 让学生意识到"数学是一道美食"

要带学生到"数学厨房",首先,就是要让学生喜爱"数学美食"。当我们在餐厅尝到美食时,往往会产生这样的想法:"这道美食是怎么做出来的?"并且忍不住想和厨师交流或者到厨房参观一下,了解美食加工的流程。为此,应该抓住学生的"饮食心理"。人类是一种充满灵性并且具有非常复杂心理的生物,中小学生处于心理、生理尚在发展的阶段,要他们欣赏"数学美食",就要抓住他们的"饮食心理"。让"数学饮食"具有自主、弹性的特点,应该多变换"数学美食",做到"荤素搭配",做好"开胃汤"等。其次,要刺激学生的"数学味蕾",常展示"数学美食精品"。还要重视"数学美食"的"调味品",做好"数学美食"的"高汤"等。

---

① 李秉彝. 新加坡数学教学50年[J]. 黄兴丰,金英子,编译. 数学通报,2013,52(11):1-4,11.
② 方均斌. 李秉彝谈数学精英教育给我们的启示[J]. 数学通报,2009,48(9):21-25,29.

(二) 让学生体验到"数学厨师的智慧"

如果把数学家理解为"数学大厨",则一般的数学研究及数学教育者可以理解为"数学厨师"。基础教育阶段的学生所学习的数学大部分是普通"数学厨师"做的"数学美食"。无论是"数学大厨"还是普通的"数学厨师",他们所做的"数学美食"后面都蕴含着智慧。因此,数学教师应该让学生在欣赏"数学美食"之时体验到"数学厨师"的智慧。首先,在选材方面,"依菜谱烧菜"不是真正的"数学厨师",而是"烧菜的机器",很多数学老师在教学过程中往往扮演的是"烧菜的机器"的角色。真正的"数学厨师"是"自立菜谱"且"自选食材",数学教师要引导学生到"数学厨房"参观,就是要设身处地地去学习和研究那些真正的"数学厨师"是如何"自立菜谱"且"自选食材"的。其次,食材选好之后需要进行加工,到底往哪个方向加工?这也很值得研究。此外,食材加工之后,并非就此任务完成!厨师的任务还有一个重要工作:成系!所谓的成系有这么几点:一是起菜名!这是一项并非可有可无的工作。所起的菜名如果漂亮,可能会让顾客产生食欲或者引发自己乃至同行进一步创造的愿望!二是形成一个"菜系"。一个好厨师往往会把自己加工建立起来的优秀菜谱打造成为一个体系,他往往不会只开发一道菜,而会"穷追不舍"地形成一个菜系。成系不仅仅关注所"烧的菜"形成一个体系,还应该形成一种拓展或者延伸。也就是说,让学生体验"数学厨师智慧"的意图是感悟和创新,感悟到在前人的基础上去突破!这或许是"领着学生到数学厨房参观"的最大目的!

张奠宙先生曾经在论述学科教育与烹饪学之间的关系时说:"大厨掌勺,需要懂得营养学、食品学、饮食文化学,乃至顾客心理学,以及蒸、炒、煎、炸等等的一般手段。但是,大厨真正的功夫,在于围绕食材的实际操作。从研究食材、挑选食材开始,然后一步步地处理食材,直到食材成为佳肴,出锅上桌。在这一过程中,火候的掌握,调料的多少,时间的长短,有许多是针对某食材的独特烹饪方法,其中包括许多独门绝技和窍门秘法。这就是说,掌勺离不开烹饪学的一般原理,却必须具体地处理食材,根据食材的特点加以巧妙运用。"[①]数学学科的"食材"就是"数学",李秉彝先生所强调的是让学生经历"研究食材、挑选食材"的过

---

① 张奠宙.从烹饪学想到学科教育[J].数学教学,2015,(6):封底.

程,体验数学家是如何发现和创造数学的,让学生更加深入地理解数学的本质,提高数学素养,从而为学好数学打下埋伏!

第五节　儿童版的数学

"儿童版的数学"是李先生常挂在嘴边的"口头禅"。以下是 2009 年李先生与笔者交流的对话:举个例子,这是我周四要到河海(大学)的讲稿,话题是"知错能改的信息编码"。我就从最古老的信息编码——"烽火台"(为例)入手,讲烽火戏诸侯的有趣故事,这样讲就比较讲究教育方法,我这个就是"儿童版"的,不管是数学还是非数学专业的,都能够听得懂,这个编码的背后实际上是群论。如果你硬邦邦地讲群论,不把听众吓跑才怪!1971 年,送去火星的人造卫星,它从火星送回的照片是不得了的一件大事,它是怎么完成的呢? 它就是靠这个汉明码(Hamming Code)编码,这是群论里面的一个部分,所以我讲群论的时候是从讲线性编码入手的。否则一般学生就会感觉很无聊,其实这不是无聊,完全有道理的,有血有肉的[①]。这是李秉彝先生强调数学教学方法重要性的"一个版本",按照我国传统的说法就是"教数学要深入浅出"。

(一)信息转化

"儿童版的数学"是李先生的一个形象比喻,言下之意是"高深的数学"通过适当的手段让一般的受众能够"明白"。数学之所以抽象,主要是抽象思维要求较高,一般人由于相关的知识、技能掌握不够以及抽象思维的能力不足等原因,致使对一些高深、抽象的数学无法接受。笔者认为,信息转化的发掘是"儿童版的数学"能够得以实施的重要手段,例如数形结合。"数形结合"是我国著名数学家华罗庚先生所推崇的数学问题解决的重要思想方法,在我国基础教育中的影响很大。"数形结合"也是形象思维和抽象思维相结合以解决数学问题的一把利器。对一般受众而言,"形"为主的形象思维发展可能要优于以文字、符号为主要载体的抽象思维,而数学发展的"高级阶段"则往往是以文字、符号为主要载体来

---

① 方均斌. 李秉彝谈数学精英教育给我们的启示[J]. 数学通报,2009,48(9):21-25,29.

表达数学思想的。因此，如果在基础教育阶段，把数学中的一些抽象的文字、符号语言转换成形象、直观的图形语言，降低文字、符号叙述的抽象度，往往可以让学生接受相对高深的数学，可见"数形结合"是一种典型的形象思维与抽象思维的转换。其实，要讲好"儿童版的数学"还可以进行其他信息的转换，如转换为其他学科的信息乃至学生根据已有的生活经验而能够接受的信息等。例如，导数含义可以用"瞬时速度"来进行解释等。李秉彝先生觉得一些大学生对用 $\varepsilon-\delta$ 语言来描述微积分这一传统做法感到抽象、难懂，他就采取"回避 $\varepsilon-\delta$"来教授微积分，发现效果还是很不错的！[①]

（二）降低要求

数学学习实际上是数学的认识逐渐从低到高的过程，因此，数学教学要符合学生的认知规律，小孩子一进入小学甚至幼儿园开始就逐步认识数学，在数学家眼里，这些数学都往往蕴含着深刻的现代数学背景，对此一些中小学数学教师教了一辈子的数学也不一定能够认识清楚。所以，正如前面所提的，李秉彝先生对教师的要求是"上通数学，下达课堂"，"上通数学"是指数学教师要努力提高数学修养，要像数学家那样努力做到能够认识到眼前所教的数学的现代背景，而讲"儿童版的数学"则是"下达课堂"的重要举措之一，也就是人们通常所说的"降低要求"。例如，形象操作就是讲"儿童版的数学"的重要举措，通过一定的操作及观察，让学生确认感知某些数学概念及认可某些数学结论。又如，合理告知也是教学过程中我们教师需要注意的。所谓的"合理告知"是指通过"合理的方式直接告知"让学生能够"懂得"一些数学结论。

"儿童版的数学"是普及数学教育的一种非常重要的手段，数学科普活动离不开"儿童版的数学"，这对长期从事数学研究并需要与普通人进行沟通的数学研究者来说是一种挑战，也是李秉彝先生接触数学教育之后的一种切身体验，对于我国热心数学教育的数学家更是一种启示。之前我国的数学家华罗庚先生就曾经为一些具有深厚数学功底及研究水平的数学研究者（包括数学家）进行了一个"示范"，如优选法等。可以这样认为，数学家进入数学教育领域是一件幸事，

[①] Lee Peng Yee. Teaching analysis without $\varepsilon-\delta$[J]. 工科数学（英文版），1994，10(1)：1-5.

但数学家不会讲"儿童版的数学"则很可能让数学家自己及数学教育工作者都很受伤。如何引导数学家参与数学教育的研究在我国是一个重要课题也是一个难题。李秉彝先生关于"儿童版的数学"的论述不仅给所有数学家在如何普及数学方面指明了一个努力的方向,也给所有数学教育工作者一个示范:如何根据教学对象的不同,采取适当的方式进行教学。

第六节 "折纸中的数学"

李秉彝先生对数学科普较为重视,他之前写过《给孩子们讲授计算机程序设计》①《解析几何的变换》②③等系列文章,他与西南大学黄燕苹等老师合作撰写的文章《数学折纸活动的类型及水平划分》在《数学通报》上发表,他和黄燕苹老师合作撰写专著《折纸与数学》④,他们还合作编写了《动动手,练练脑 折纸拼图学数学》⑤《动动手,练练脑 折纸拼图七巧板》⑥《动动手,练练脑 折纸拼图玩游戏》⑦三本科普读物。其实,笔者在 2008 年宁波会议上与李先生第一次接触的时候,就亲眼目睹了他和黄燕苹老师在早餐桌上交流折纸中的数学问题,当时我还以为他们对这个问题已经很早就讨论和研究过了,后来在黄燕苹老师的文章介绍中才知道他们也是第一次交流有关折纸问题(详见第四章),没有想到的是,他们对这个问题进行了研究并且有了系列成果! 2017 年 5 月,李秉彝和黄燕苹老师还应华东师范大学的邀请给研究生作了有关折纸与数学研究的专题讲座,笔者最近和杭州市大关中学的方铭老师等也翻译了一本有关折纸的外文著作⑧,折纸里面的奥妙真是令人震撼! 就像黄燕苹老师所说的:"这么一位大数

---

① 李秉彝.给孩子们讲授计算机程序设计[J].吴博儿,译.中学数学研究,1985(4):4-6.

② 李秉彝.解析几何的变换[J].孙名符,摘译,王仲春,校.数学教学,1988(4):46-49.

③ 李秉彝.解析几何的变换(续)[J].孙名符,摘译,王仲春,校.数学教学研究,1989(1):32-35.

④ 黄燕苹,李秉彝.折纸与数学[M].科学出版社,2012.

⑤ 黄燕苹,李秉彝.动动手,练练脑 折纸拼图学数学[M].广西师范大学出版社,2014.

⑥ 黄燕苹,李秉彝.动动手,练练脑 折纸拼图七巧板[M].广西师范大学出版社,2015.

⑦ 黄燕苹,李秉彝.动动手,练练脑 折纸拼图玩游戏[M].广西师范大学出版社,2015.

⑧ ROBERT J L.折纸设计的秘密——一种古老艺术的数学方法(第二版)[M].方均斌,方铭等,译.北京:机械工业出版社,2018.

学家怎么就玩起了小学生的拼图游戏来了。"李秉彝先生早年对戏剧感兴趣,晚年却对折纸着迷,作为数学家和数学教育活动家,他给我们这些只盯准常规数学教学的数学教育工作者以很大的启示。比如,如何在数学教学过程中挖掘引发数学思考的源头、形成强有力的数学逻辑链、进行合理的数学科普活动、培养学生的观察力及数学建模意识等。

折纸是一门古老的民间艺术,折纸中有数学,是因为一些具有数学思想的人对折纸进行观察后产生了数学思考。李秉彝先生是一位数学家,他用已经形成的数学眼光去观察生活中的方方面面,发现折纸这门古老的艺术与数学具有千丝万缕的联系。而折纸恰恰是孩子们喜闻乐见的活动,且老少皆宜。这就为数学普及与教育找到了一个很好的抓手! 折纸可以作为引发学生产生数学思考的一个非常好的道具,可以成为学生进行数学学习及创造的一个源头。它不仅给我们数学教育工作者带来启示,同时,也给我们提出了以下的几个挑战。

(一) 深入了解孩子们的兴趣点

古希腊毕达哥拉斯学派提出的"万物皆数"的观点给我们以启示:只要用数学的眼光看世界,这个世界什么东西都可以和数学相联系! 这也为我们的数学教学"提供"了广阔的"兴趣挖掘空间"! 那么,什么是孩子们感兴趣的呢? 从孩童开始,拼图、画画、折纸、搭积木、过家家等活动以及后来的电子游戏等,孩子们都感兴趣。这些孩子们喜闻乐见的活动及游戏中无处不含有数学。作为教师关键是如何根据学生的数学学习情况灵活处理,目前,这方面的课题亟待开发,李秉彝先生就给了我们一个示范。

(二) 挖掘生活中的数学元素

显然,在学生生活经验的基础上去挖掘生活中的数学元素,是我们数学教师更需要研究的课题。主要有这样的两个考虑要素:一是挖掘的广度;二是挖掘的深度。这两个要素主要是根据学生的特点以及教学任务来具体落实,当然,数学教师的专业素养、教学和生活观念以及合作精神等,则是能否成功挖掘生活中的数学元素的重要前提。

（三）合理调配和组织数学活动

有一个问题很值得探讨，以折纸中的数学为例，它与常规数学的教学如何"合作"？是作为某一个数学情境还是作为专题进行讨论？或者，让学生作为课外阅读、活动材料。毕竟常规数学的教学是主流，数学教师不可以"本末倒置"。笔者认为，首先，应该注意情境渗透。以诸如折纸等孩子们喜闻乐见的活动作为"导火索"引入数学教学。其次，一些孩子们喜闻乐见的活动不仅可以作为数学问题的情境，而且还可以选择适当的时机作为必要的课内专题活动。此外，还要重视课外活动。课内时间毕竟有限，而且有些内容往往延伸到很多的综合知识或者超越了一般学生学习和研究的能力范畴，教师可以通过布置任务或者让学生自己寻找一些话题进行专题研究。

本章对李秉彝先生的部分数学教育论述进行摘编并结合国内学者以及笔者的感想进行了一些简要评述。除上述内容之外，李秉彝先生还有很多的教育论述，比如"数学是追求精确的，而数学教育则是模糊的""教育不能追求太有效""我的这辈子道路是朝阻力最小的方向走下去的"等等，这些论述中所蕴含的思想是他老人家的切身体会，仔细品味，确实很值得思考与研究。对我们数学教育工作者的影响不可小觑。最后，笔者借用我国小伙子江何（音译）在哈佛大学演讲的一个片段作为结语：我第一次感受到了作为未来科学家的使命，这也是我个人道德发展的重要转折点，我自认为的作为国际社会一员应具有的责任感，哈佛让我们敢于树立远大志向，鼓励我们改变世界。在毕业典礼的这一天，我们在座的各位都畅想着未来的伟大征程和冒险。对我来说，我还心系着家乡的农民，我的个人经历提醒我，作为一名科研人员，把我们的成果教给有需要的人是多么重要，通过我们掌握的这些技术知识，我们就能将像我家乡一样的千千万万个村庄与我们所在的现代社会连通起来，这样的事是我们在座的每一位都能够做到的。问题在于我们愿意来做这样的努力吗？我们的社会比以往更为强调科学创新，但将这些知识分配到有需要的人那也同样重要。改变世界并不意味着人人都需要搞出大名堂，改变世界也可以从一个沟通者做起，发现更多创新的途径把知识传递给像我妈和农民们这样的群体，能够清醒认识到科技知识的均匀分布是人类社会发展的一个关键环节。而我们也能够一起奋斗将此目标变成现实①。做数学研究固然重要,但在做数学研究的同时关注数学教育或许更有价值。2018 年是李秉彝先生的 80 岁大寿之年,我们祝福步入耄耋之年的李先生能够健康长寿并根据他所经历的数学与数学教育研究的体会,再为我们在数学教育前进的道路上亮出更多的明灯!

---

① https://v. qq. com/x/page/z0312om7c29. html

第四章

李秉彝在中国的数学教育学术交流[①]

2013 年,李秉彝先生在"未来 10 年中国数学教育展望"学术研讨会现场(左起:王建磐、史宁中、张奠宙、李秉彝、戴再平、宋乃庆、孙晓天、范良火)

　　李秉彝先生自上世纪 80 年代与中国数学及数学教育界接触以来,在各种场合与不同对象交流了他的数学及数学教育思想,特别是他的数学教育思想,给予国内学者很大的启发。本章选择部分李先生与国内学者进行数学教育学术交流的文献,考虑到完整性,只对个别地方进行了小修改(如对李先生的身份介绍等),尽管可能在一些地方与其他地方的行文存在重复现象,但为了文章的"自圆其说",故不予删除。此外,文献的格式作了适当的调整,但仍可能与本书其他部分的格式有差异。

① 本章部分内容曾经作为手稿被《数学家之乡》(主编:胡毓达,上海科学技术出版社,2011)参考。

关于数学教育研究的若干问题

——与李秉彝教授的讨论①

黄　翔

2001 年 11 月 18 日至 21 日,原国际数学教育委员会副主席、第九届国际数学教育大会(ICME-9,又称东京会议)程序委员会委员、新加坡南洋理工大学国立教育学院李秉彝(Lee Peng Yee)教授,随新加坡教育服务考察团来重庆访问、考察,到重庆师范学院参观并进行学术交流。李秉彝先生是国际数学与数学教育界卓有影响的学者,在此次东京会议上,他成功地主持了"国际圆桌会议"(这是 ICME-9 的一项重要活动),当时就给笔者留下深刻印象。此次来渝,正好是与他进行学术探讨的机会。笔者与先生前后会晤了 3 次,谈及的话题广泛,现将其归纳如下。

一、"上通数学"与"下达课堂"

李秉彝先生曾在 1996 年周学海所著《数学教育学概论》的序言中指出:"数学教育研究的源泉和进展的方向应该是与数学保持密切的关系,同时也应注意在课堂内的实用价值,否则数学教育的意义就不太大了。这即是数学教育应'上通数学,下达课堂'。"而在他与张定强合作发表的《本世纪数学的新进展及其对数学教育的影响》一文中,进一步强调了这一观点。在笔者的潜意识中,这 8 个字几乎成了他的座右铭。所以此次我们的话题自然从这 8 个字开始。笔者想知道的是,时隔数年之后,面对数学及数学教育新的发展态势,他是否还是这样认为的。

---

① 本文原载于《数学教育学报》2002 年第 11 卷第 2 期,征得原作者同意,个别文字略有改动。

对此,李秉彝先生毫不含糊。他说:"我们系就叫数学与数学教育系,就是强调数学与数学教育的不可分。"他谈到:"在国际上有一种观点,包括美国尤西斯金教授等也持这样的观点,即搞数学教育不一定要学那么多专门的数学,针对中小学老师应有'学校数学'(School Mathematics),教老师的数学不一定是要与其他本科的数学相同。"对此有人同意,也有人不同意。笔者认为数学教育及研究的源泉和进展的方向应该与数学保持最密切的关系。在新加坡,小学教师培训现在加入一门新课程"课程内容"(Curriculum Content),这门课程基本上是教数学,不是教更深的数学,而是教与小学数学有关的数学。在当前的数学教学中,有小学、中学不挂钩,中学、大学不挂钩的现象,对微积分不讲极限概念,而走捷径,学生认为微积分就是一个代数运算,到大学后学习就有困难。若教师对数学本身的知识认识不够就会影响教学。新加坡培训中小学教师,设置数学教育硕士课程,就要求学数学,要求更多地体会数学的知识背景。即使学完所学的数学课程,也应思考它以后还有什么发展。

接着这个话题,笔者提到在东京会议上,日本数学家藤田宏所作的大会报告《数学教育的目标与应用数学的方法论》,认为以计算机信息技术为手段的应用数学的发展已成为数学发展的第四个高峰(前3个高峰为欧氏几何、微积分、现代公理数学),数学教育与课程应该关注数学的这一新发展。从"上通数学"的角度看,今天的数学教育应该从这一新发展中吸取什么或关注什么呢?

李秉彝先生谈到:"古代中国的《九章算术》等是实验性的、实用的,而数学本身是一门实验性学科,为什么后来变得这样纯粹呢?问题在于微积分。数学家为了将其严密化,提出集合理论、ε-δ语言等,实际上形成严格体系并不是很久。现在在很多情况下,用计算机做得好不是在纯粹性问题上,而是在实验性问题上,当然也可能是相通的。藤田宏有这样的意思,计算机是一个工具,它可以做实验去证明定理,所以不要把数学看成是完全纯粹的学科。当然数学的严密性还是要的,但不能搞成一门死的学科,尤其是在计算机时代,如能搞活,数学将更加具有生命力。"

笔者认为,李秉彝先生的这番话是很耐人寻味的,我们对数学应该有这种与时俱进的认识,应该充分认识到信息时代的数学基于传统数学之上发展起来所形成的新的特征,数学教育应该积极反映这些特征。

关于"下达课堂",李秉彝先生强调:"数学教育研究要立足于教学过程的研究,要与课堂具体活动有关,要有利于课堂教学的改进和提高。他认为国外教育研究搞得很宽,涉及面很广(当然也不是不好),但总感到与数学挂钩不够,与课堂挂钩不够。这里也有国情的不同,如同要解决'吃饭问题'一样,我们最紧迫的是解决具体教学中的问题。"

二、关于数学课程改革

李秉彝先生主动谈到了课程改革的问题。他说:"现在大家关心课程的编制与改革,据我了解,你们初中纲要已经出来了,而高中课程纲要的编制正在进行中。"笔者将我国课程标准研制的一些情况作了简要的介绍,话题自然而然地引到了几何课程。

李先生说:"在许多国家包括新加坡在内,欧氏几何、力学在中学课程中越来越少(当然你们还是保留得较多的了),许多老教授对此感到忧虑。我认为,他们主要的还不是因为几何(或力学)课程有用和有趣,而是因为几何与力学在过去提供了丰富的学习环境,这是有些课程内容比不上的。比如大学教常系数微分方程的解法,就那么几套方法,代进代出就完了,考也这么考,它就没有提供一个丰富的学习环境。而几何经过二千多年的发展,题目仍然不断出新,吴文俊的机器证明,居然还发现了新的几何定理,没有人想到这里边还有很多新东西。力学也是这样,总有新东西。所以现在课程编制中一个重要的、需考虑的因素就是课程的内容是否能提供一个丰富的学习环境。"

从提供丰富学习环境的角度看几何的价值以及课程改革,这的确是很有见地的观点。由此,我们都想到在 ICME - 9 上,由德国学者威特曼(Evich. Ch. Wittmann)所作的 60 分钟报告《系统过程中的学习环境的设计与实现》(*Designing and Implementing Learning Environments in a Systemic Process*)。他在报告中强调数学的教与学是一个高度复合的社会过程,因此数学教育的发展,不能从外部强加于其上,而应该建立在学校系统内部自发力量之上。但这并不意味着教师对研究结果的简单使用,研究者和教师的相互作用的有效组织和形成要通过"有价值的学习环境"来完成。威特曼进一步提出了"有价值的学习环境"的 4 条特征:(1)它应该表征教学的中心目标、内容及原则;(2)它是重要的数学内容、过程及结果,也是丰富的数学活动的源泉;(3)它是能够变化的,而且能适用于特殊的课堂条件之下;(4)它以整体的方式包含了数学教育中数学的、心理学的、教育学的等等方面,并提供了经验研究的广阔空间。威特曼的上述观点显然对我们正在进行的课程改革有积极的借鉴意义。

三、关于新加坡的数学教育

在学术座谈会上,笔者的研究生曾就东亚及东南亚地区特有的文化传统所形成的考试文化的角度,请李秉彝先生谈谈自己的看法,他很具体地谈到了新加坡的情况。

针对"新加坡学生就业、人才选择是否将考试成绩作为一个重要标准"的问题,他说:"是,过去是,现在也是,不过将来不一定是。因为现在我们正在努力打破这种局面。"据他介绍,新加坡与中国不同,中国是入学考,特别是看重高考,新加坡是离校考(小学、初中、高中都有),但要进入最好的学校,仍然是看重考试成绩。他说,现在要打破这种局面有 2 个原因:其一,考试原本不是坏事,是对学生的测评,即考试并不是主要目的。但后来考试变成了大家追求的主要目标。结果呢? 并不是 A 等人才考试得 A 等,以应付考试的方式在初中、高中学习可能还可以,但到更高阶段的学习就过不了关了,所以必须改。其二,从就业来看,学习应该与社会挂钩。比如,现在工作常常不是一个人完成,而是需要合作活动。因此在课堂上就要合作学习,那么原有的考试方法便不太适用了。他还指出,现在新加坡的教学改革注意了 2 个方面,一是电脑知识的增加,一是教学方法改革,强调师生互动的研究性学习。

在 1996 年进行的第三次国际数学与科学教育调查(TIMSS)中,新加坡在42 个国家(或地区)中,数学测试成绩排名第一(其后是韩国、日本,美国处于中下水平,中国大陆未参加这次调查)。笔者就这一结果,请李秉彝先生谈谈看法,这是否意味着"新加坡数学教学就是最好的呢"?

李秉彝先生说:"结果出来后,我们的教育部长很高兴,他高兴不是成绩好的学生怎么样,而是所谓差的学生超过平均水平。我也认为测试反映出整体成绩较好。那么为什么整体较好呢? 因为新加坡课程是结构式的,比如你在同一个星期到新加坡的几所学校去听课,老师讲的基本上是一样的(如都在讲二次方程），不像你到澳洲或英国听课，它的学校讲的肯定不是一样的。所以说我们的学校课程是很结构式的，水平不会相差很多。但我认为这并不好，因为它没有创造一个多样化的学习环境使学生更有创意，所以需要改革。我们并不在乎下次再拿第一，我们最关心的问题是，使培养出来的学生如何才能有创意。"

笔者欣赏李先生对待国际评价结果所具有的理智的态度和清醒的头脑。他对整齐划一的结构式课程的反思似乎也值得我们作进一步的思索。

四、数学课程中的现代教育技术

这一话题在我们的交谈中多次提及，而这次李秉彝先生所参加的新加坡教育服务考察团中，就有多家从事教育资讯技术的公司，这更增加了这方面谈话的资料。概括起来，有如下观点：

要明确运用技术的目的。应该是教育技术服务于数学教学，而不是数学教学服务于教育技术。就课堂教学而言，首先要明确教的课题能否借助计算机更好地表达和组织学生学习。运用电脑不是替代以前的教学工作，而是要用它做以前不能做的工作，要利用它在教学中做更多的事情。

要积极推进信息技术运用于数学课堂教学。老师使用技术有一个过程，首先是要鼓励运用，然后才是如何用好，再接下来才是根据不同的情况确定用或不用以及达到更好运用效果的策略和手段。

编程不是教师运用技术的重点，也不是其长处。教师应把精力放在如何更好地将已有的软件运用于课程教学。所以，对基本的数学教学软件的掌握很重要。

无论是中国还是新加坡，计算机进入中小学的进程在加快，其对数学学习的影响在增大。作为师范院校及教师培训机构应更加重视数学教师运用信息技术能力的培养，改变某些滞后现象，才能适应中小学教育发展的需要。

五、教少一点内容，教多一些学生

李秉彝先生有这样一个观点：作为进入 21 世纪的数学教育，应该"教少一点内容，教多一些学生"（You Teach Less Contents but Teach More Students）。他是这样解释的：因为过去不是每个人都要学数学，学数学的只是一部分人。他举例：1961 年时他曾问过一个经济学教授，知道这之前读经济学专业不需要学数学,但这之后情况就变了。现在的情况是几乎人人都要学数学,所以就不能对每一个人提出以前对某一部分人所提出的同样的要求。以数学普及的角度看,就应该解决好这个少教与多教的问题。

教少一点内容是否意味着降低数学教学的水准呢?李秉彝先生没有直接回答这一问题,而是转到数学知识关联的角度来阐释他的观点,他特别强调了几何与代数的贯通(他举例:付里埃级数是几何,线性代数内乘积是几何,坐标轴像一座桥将代数、几何连在一起),并认为推理训练不仅几何里有,代数里同样有。体会李先生的言中之意,即如果把握住了数学知识的关联及蕴涵的思想、方法,学习数学是可以"以少胜多"的。

事实上,从这一观点引发开来,还有许多问题是可以争论的。比如,"教少一点内容"能够适应社会的需求吗(在 ICME - 9 上,著名学者澳大利亚的毕肖普教授就认为,现代社会要求公民学习比过去更多的数学知识)? 如何处理好内容的量与质的关系(少而深或是广而浅,如果既少又浅可取吗)? 在追求数学的大众性时,怎样才能保证大众学到真正的数学(不是有人担忧大众数学成了什么都不是的数学吗)? 笔者认为,这些问题都是很有现实意义的。

六、如何评价课堂教学

李教授认为,看一堂课如何,就看 3 方面:第一,要能够有效地组织教学,要能制造学习的环境;第二,老师一定要跟学生有交流,当然,与学生交流的方式、方法是多种多样的;第三,不在乎课堂的表现如何丰富,教学的形式如何生动,关键是看能否达到预定的教学效果。他认为,教师把课上好有一个过程,很重要一点就是,若某堂课未上好,一定要知道自己是在哪些方面有问题,能找准问题也是教师的素质问题。他强调,当教师最重要的是要有一颗爱心,应该有这样的信念:不管什么样的学生,都是能够学好的。特别应该记住的是"不要贬低学生"(You Can not Run Down Your Students)。

七、关于 ICME - 9 圆桌会议与 2002 年新加坡国际数学教育会议

作为面向 21 世纪的第九届国际数学教育大会(ICME - 9),实现了很多年以前提出的一个想法:借助现代技术,举行一次远程的、多边的在线国际圆桌会

议。这次圆桌会议在会议现场有一个 3 人组成的专门小组,他们是巴斯(H. Bass,美)、莱德(G. Leder,澳)和野崎昭弘(A. Nozaki,日),3 位远程的演讲者分别是日本、美国和新加坡的教育界领导人或学者,会议讨论的主题是"面向 21 世纪的普通教育中数学的作用",而会议的主持人就是李秉彝先生。

　　此次李先生为笔者带来了根据圆桌会议录音整理的全部内容文本,使笔者能重温这次颇有特色的讨论,并能就所涉及的问题继续进行探讨。笔者认为,这次圆桌会议之所以很成功,在于它提出了若干有代表性的问题。如:在新的时代下,数学教育的重要变化是什么? 技术怎样影响着教育与课程? TIMSS 对数学教育产生的影响是什么? 学生职业教育应该怎样进行? 小学数学教师应该掌握多少数学知识? 如何看待数学在现实中的应用? 对于 21 世纪,数学教育期待些什么? 等等。这些问题有些在会上作出了应答,有些在以后的讨论中成为研究的热点。圆桌会议表明了这样的情况:在讨论中,共识多于分歧。特别是在如下方面,大家看法是一致的,即:在数学教育中,技术的使用有巨大的潜力;数学教育不仅是传授和学习数学知识,更应该是培养和学习数学思维;在新世纪,必须继续支持我们的教师,不能仅限于职业培训,应该贯穿于整个职业生涯。

　　在 2002 年的 5 月 27 日至 31 日,国际数学教育委员会(ICMI)的第二次东亚地区数学教育会议(ICMI-EARCOME 2002)及第九届东南亚数学教育大会(SEACME - 9)在新加坡南洋理工大学举行。会议研讨的主题涉及评价、课程、教师教育、技术 4 个方面。中国大陆的李士锜、中国台湾的林福来两位先生是此次会议的国际程序委员会成员。李秉彝先生诚挚地欢迎中国有更多学者赴会(详情可通过 E-mail:ctmapl@singnet.com.sg 进行查询)。

参考文献:

[1] 李秉彝,张定强. 本世纪数学的新进展及其对数学教育的影响[J]. 数学教育学报,1996,5(3):1.

研究·论文·投稿

——李秉彝先生的报告及其启示[①]

张定强　郭　霞

2004 年 5 月 26 日 9:30—11:00,新加坡南洋理工大学国立教育学院教授、博士生导师,第七届国际数学教育委员会副主席李秉彝应邀在西北师范大学数学与信息科学学院学术报告厅作了一场关于"研究、论文、投稿"的学术报告。为了与广大数学工作者以及数学教育工作者共同分享报告所蕴藏的深刻思想,本文从报告的主要内容和报告给我们的启示两个方面进行整理和分析。李先生报告的主题是"研究、论文、投稿",留给我们的启示是质朴、深刻、催人奋进。

一、李秉彝先生的报告

通过典型的实例揭示一种思想、观念,进而升华为一种深远的意境,使听者回味无穷,这是李先生报告的一大显著特点。下面就从"实例、思想、意境、启发"入手对李先生的报告做一整理,以便与大家一起分享李先生的报告带给我们的思想启迪。

(一) 做研究

1. 问题好

做研究是艰苦探索、发现真理的过程,其首要的任务是要选择好的研究问题。

实例: 画平行线——平行找,就是说寻找好问题的方法之一是类比法。比

---

① 张定强,郭霞. 研究·论文·投稿——李秉彝先生的报告及其启示[J]. 数学教育学报,2005,14(2):20-22,28.

如已经证明了一个定理,看能否把相应的结论平行地类比到相近或类似的问题背景中,或平行地改变一些条件看结论是否仍成立,进而推进或得出新结果。读文章——从论文中找,就是说寻找好问题的方法之二是归纳法。既要读好文章又要读差文章,好文章结果完满、问题讨论周全,能给我们许多知识与有益的启示,但有待开拓的空间较小;差文章总有些地方不尽人意,但换个角度看,差文章"没有把东西拿光",正是因为这样,差文章能够留下更多的探索空间,适宜去做深入的思考,可从中析取好问题,使之成为你优先思考的问题,进而想办法解决问题而做成好文章。不管好文章还是差文章,多读总有许多益处,是开拓研究新路,寻找好问题的重要途径。

思想:研究的出发点就是要有好的问题,而好问题主要是通过类比与归纳的方法提炼出来的,这样的问题比较切合自身的实际,具有研究价值。因此,多读多思、主动探索、敏锐观察,好问题就会不断涌现。

意境:研究的最佳状态就是要有适合自身特点的好问题,这样才能把课题做深、做透。那么善于提问,勤于阅读,刻苦钻研,锐意进取对每位研究者都是至关重要的。

启发:做研究首先得提出好问题。这就是选题问题,问题是研究的出发点,整个研究就是建立在问题解决的全过程中。选好研究课题并不是一件容易的事,一定要基于我们的现有水平和对知识的兴趣,以便能把问题探讨透、解析深,从而真正显现出研究的重要性。只有寻求到好的问题并作为研究的切入点,才能事半功倍。

2. 立平台

做研究应在适宜的平台与扶梯的基础之上,逐步深入。

实例:登西藏的珠穆朗玛峰,目标是达到最高点,那么你先得建立基础,再攀登——在条件许可的情况下,从一个营地到另一个营地不断前行。在攀登的过程中,可能由于天气、环境、身体条件、物资储备等多方面的原因而遭受挫折,因此要采取一定的战术,比如从高一级的营地退回到低一级的营地,这种欲进先退的策略就是为了储备力量,重做准备,以便更好地攀登,退是为了进,因此退到合适的地点,对更好进行攀登至关重要。

思想:有了好问题,就得有好的脚手架,否则问题仍然得不到很好的解决,解决问题一定不要好高骛远,要拾级而上,急着进入研究主题不一定是好策略。在弄清别人研究与自身实际情况的基础上,寻找新的路径,同时及时调整思路,形成新平台,以达到最终目的。

意境: 研究数学问题,得搭建一个好的平台,包括必要的经验积累、知识储备和方法掌握。同时你得不断地提高洞察力、判断力、选择力,及时反思,必要时可另辟蹊径,以切入数学问题的核心地带,并逐渐扩大战果,使研究达到新境界。

启发: 立平台是研究工作的一个重要环节。每个人在从事研究的过程中都要不断地给自己供给养料,不断地反思自己,不断地对思想进行梳理,夯实基础,才能解决前进过程中的困难与挫折。为了重构平台,有时候不得不拆除你原先建立的平台,重建新的平台,这对研究者来说是一件痛苦的事,但为了更好地进行研究,必须这样做。

3. 不停走

做研究就得坚持不懈地往前走,持之以恒,总会看到希望的曙光。

实例: 愚公移山的故事我们都听过,这个故事激励了许多人坚持不懈地去从事自己认为值得做的事。冬天越野跑,不能停,否则身体就会出问题。做生意,一路做,才有机会赚钱。为赚钱而做生意,不一定就能赚到钱。

思想: 有志者事竟成,做数学研究也需要有愚公移山的精神。

意境: 进入研究状态就像进入无人区,要把所有的精力投入到研究主题上去,以高度的责任心迫使自己努力攻关,即就是要一直做,才能有机会做出研究成果,停下来,便什么都没有了。

启发: 在研究的过程中,肯定会遇到许多艰难险阻、困难、挫折乃至失败,但决不能被困难与挫折所吓倒而半途而废。碰到问题就要反复思考,从中抽出最为关键的问题与思想进行剖析,重新审视研究方向与道路,锲而不舍,全力以赴应对研究过程中的各种困难,这也是对信心、毅力、品质的考验。

4. 脚着地

做研究得有根据和基础,这是有效进行研究的基石。

实例: 张大千在敦煌席地两个多月进行临摹练习,就是为了感悟绘画的真谛和练基本功,形成绘画的技巧、方法,获得一些省悟,这是开展研究工作的必备条件。正因为这样,张大千才有创造性的成果面世。

思想：做研究要有求实、求真的态度，执着的精神，坚定的信念，有根有据，一步一个脚印地往前走，研究才能达到一定的深度，才能达到希望的彼岸。

意境：创意不是凭空的，有创意的研究，大都建立在坚实的基础和一定的根据之上。数学研究就是要出定理，就是要去证明，这是研究的两只脚，一定要有一只脚立在地上，两只脚都架空，便走不到哪里去。因此研究数学时，要么从定理着手，平行叙述，然后求证；要么从证明着手，在新情况下再走一遍，看能走出什么结果来。数学教育的研究也是如此，它是一个厚积薄发的过程，需要不断地积累知识，虚怀若谷，从各种知识中汲取丰富的营养。

启发：扎扎实实、脚踏实地做研究，才能产出好成果。

5. 先利器

做研究要讲究研究方法与研究规范，也就是说要学习，奠基好功夫。

实例：三国时代的孔明之所以智慧超群，是因为他总能找到解决问题的好方法；考验商业经理有无能耐，关键是看他在遇到困难的时候有无办法去克服。因为困难最能考验一个人的能力。

思想：要想研究成功，还得利其器。这是研究取得成功的关键，好多重大问题的解决就是伴随着重大方法的诞生而产生的。

意境：工欲善其事，必先利其器。

启发：在最困难的时候做研究才能考验你的毅力、能力、勇气与睿智。在实际的研究中，没有孔明的锦囊妙计为你打开，告诉你该怎么办。你得不断地自己寻求解决问题的工具与方法，探测困难在何处以及解决这些困难的方法。因此要不断地学习与反思，只有这样，好的工具与方法才能被我们所掌握，研究能力才能不断提升。

6. 再化简

做研究的目标之一就是追求简单明了，在难问题解决不了的情况下，先解决特殊情况，再解决一般情况，最终达到简约化的境界。

实例：n维问题解决有困难，先解决一维问题，即把难题化简来解。对于复杂的问题，我们总是想方设法从简单入手，然后达到对复杂问题的处理。

思想：数学的基本思想之一就是追求最简化，这也是研究所追求的一种境界。

意境：进入简单境界，也许是寻找到好的方法思路与成果的一种最佳途径。

启发：我们往往把许多问题人为地复杂化，自己给自己制造麻烦，不妨给些假设条件，然后逐渐地缩简条件，直至你的目标达到。有了好的问题，和在建立好的平台的基础上，就要不断地进行简化处理，从而达到解决问题的目的。

（二）写论文

写论文的过程与研究过程是有质的区别的，写论文的主要目的是如何把你研究过程中所形成的思想或结果表述出来，以便与更多的同行交流，使你的思想能被更多的人了解、掌握、理解，以确保论文的思想得到顺利传播。写论文是一种会话，是一种目标，也是对研究过程进行学术化的表征过程。写论文要做到"三 C"：Correct（正确），Clear（清楚），Clean（干净）。

1. Correct（正确）

正确是论文价值体现的第一标志，也是研究过程的基本追求。

实例：一位十分优秀的歌手在大奖赛中没有获奖，是因为他唱错了一个音调，即使他在其他方面做得都很好，也是不能获奖的。

思想：论文写作的前提是要保证你的结论正确，经受住严格的逻辑检验。确保正确的方法有：找一个你的同事或研究伙伴帮你看一看；找一个简单的例子验证一下；用不同的证明方法再试一试；把里面用到的最为核心的命题抽出来再证明一下，防止出现致命的错误。

意境：论文的正确与否直接影响你的研究结果的有效与否，你首先得保证你的结论正确。

启发：论文研究的过程与结果是连为一体的，结果通常要反映在你的论文中，是你自己思想认识的汇报与总结，因此必须高度关注，论文的结果要反复检验，慎之又慎。

2. Clear（清楚）

清楚是论文可看性、实用性的表现。只有清楚明了，才能使论文中所蕴藏的思想产生巨大作用。

实例：售货员给顾客推销商品，即使顾客听错了，也是你售货员的错误，售货员要讲到顾客不可能听错，这就对了。

思想：在论文写作中要做到论题清楚、论据清楚、论证方式清楚，反映在文本中就是文字叙述要简明扼要，呈现方式、逻辑顺序要清晰可见，只有这样，才能将研究的思想、结果清晰地表现出来。

意境：你的论文如果连自己的合作伙伴看一看都要皱眉头，那么可以肯定地说，你写得不够清楚，得拿回去重新修改。否则别的人去看，疑惑一定很多。因此写论文一定要清楚明白。

启发：论文不是黑板式的讲演，因为论文不可能让你到场用口头去解释，而是要靠文本叙述，因此必须写清楚，让人家一看就懂。

3. Clean（干净）

干净是论文产生好效果的一种体现。

实例：比如说家具，不仅要结实、耐用、方便，而且让人看了也要舒服。

思想：简洁也是论文写作的一种追求，要做到让人能够读下去，享受到文本带来的快乐。

意境：即使躺着读，也能够享受到你创造的火花与价值。你的论文要从各个方面（如行文、版式、结构、用词用语等）给人一种整洁明快的感觉。也就是说干净到题目、摘要、关键词、文章的层次结构都清晰明了。

启发：怎样才能做到干净。前后因果关系要清楚明白，不仅研究该课题的人看了你的论文能懂，没有搞此项研究的人一看也能够清楚；符号要一致，不要人为地制造混乱，也就是要与人们使用的习惯用法保持一致，不一致的地方要做特别说明，以免带给读者麻烦。其实，给别人带来麻烦最终是给自己带来麻烦。做到干净得费一定的精力，所以一开始就得关注干净问题。

（三）投文稿

投文稿是研究过程的终结性表现，是让你写的论文去接受评价与检验。投稿能让别人考究你的发现，共享你的研究成果。虽然每个人都有自己的评价理念，但研究共同体持有的看法是对你研究结果最有权威的评价。投稿论文就是"三C"的结果，是你写作论文的最终产品，必须突显特色、发挥优势。所投论文是你的思想与别人思想的一次碰撞与交锋，是让别人理解你的所思所想，了解你做了什么，解决了什么问题，而这些主要是通过书面语言这个中介从不同的角度与侧面向人解说你的研究成果,因此所投文本要进行许多次的修改与提炼才行。

实例: 你要应聘某个工作岗位,最好的办法是向经理说你对公司的发展有一个好的想法,这样才有机会与经理见面,否则,经理一般不会安排时间去约见你的,也就失去了发挥你才能的机会。只要有了约见的机会,经理才有可能听你说,或者请你做顾问——进而有机会使你提出一个富有创意的课题,再实现它。再如数学研究文稿"一个定理与一个例子"与"一个例子与一个定理",哪个更能吸引编辑,显然后者更容易引起编辑注意,也更有发表的机会与价值。

思想: 投稿论文必须一要清新,二要关注所投期刊风格和编辑的关注点,三要高度重视审稿程序和意见。

意境: 所投文稿首先得经过编辑之手,也就是编辑初审,当然编辑部的成员不可能什么都懂,肯定有些问题不清楚,而要顺利地通过编辑这一关,你就要在前言与摘要上下功夫。以使编辑很快了解你到底做了什么事,有什么价值,也就是说你所投的论文要做到外行人也能看懂所研究问题的意义与价值。

启发: 投稿论文有其特殊性,必须简明扼要,整洁干净,这样编辑才有可能把你的论文送出去审稿,才有望面世,因此要处理好详与略的关系,当然必要的附件说明也是你与编辑、审稿人沟通的一个重要渠道。同时你投稿时还要注意投稿技巧,同找工作一样,得讲究策略。

二、启示

研究是过程——艰辛与欢乐相伴随;论文是结果——启发与促进相联结;投稿是评价——用与不用并存。研究过程就是要有所发现,而这些新发现需要你清晰地用文学语言表述出来,使之得以发表。数学研究的过程与数学教育的研究过程有一致性,但数学教育研究的核心思想是"上通数学,下达课堂"。李先生对数学研究与数学教育研究的深刻见解启迪我们做更多的思考与分析。

(一) 启示之一

做研究既要明了研究过程的基本模式,又要掌握一定的研究技巧;既要注重对好问题进行深入剖析的方式方法,又要注意写作技巧与投稿技艺。对数学教育的研究而言,也要从问题好、立平台、脚着地、先利器、再化简 6 个方面入手,围绕着数学教育教学中的若干问题展开探讨,同时注重论文的规范性与方法的科学性。

(二) 启示之二

李先生的报告留给我们许多方法论的启示。一是对研究方法的启示,给出了进行科学研究的范式,具有可操作性,是从事数学研究的必经之路,是数学研究与数学教育研究必须经过的 6 个环节;二是对教学方法的启示,李先生报告的演讲形式独特新颖,由于他是借用一个故事去阐述一个深刻的道理,说明一个重要的事实与结论,通过问、答这种形式使听讲者逐渐地得到一个清晰的认识,不是一开始就把一些观点强加给你,告诉我们一些现成的结论,而是为我们提供一种宽松的说辩论析环境,把更多的问题留给听者自己思索、发表看法、得出结论。特别是利用现实生活中最真实、最常见且最有说服力的故事来阐明一个深刻的道理。李先生的演讲博古通今,他渊博的学术修养、丰富的文化底蕴,极具感染力和富有生命力,超越课堂空间的局限,引发听者许多联想和想象,这种讲课的艺术风格的确给听者以极大的震撼,也迫使我们从更深层次审视我们的教学方式,体会新课程所倡导的新的教学理念。李先生的报告不仅给我们以研究的思维导向,而且给我们教学方式以示范。

(三) 启示之三

研究的价值就体现在对研究问题的深刻见解之上,是为了解决问题,为了使知识更加具有说服力,而作为研究者的教师最重要的素质就是要有极高的人格魅力、学识修养和威望。李先生的报告中就体现着这种人生智慧,体现着他对所从事的研究事业的热爱。他的严谨的科研精神、广博的学术修养、做人做事的求实品格,深深地感染着每一个人,让在座的每一位听者,反思如何把自己最富有活力的生命献给自己热爱的事业,反思如何与学生平等相处,如何进行多元文化交流,如何使得做学问与做人并重,如何使自己更好地实现研究者、探索者、对话者、教导者的融合。这种有益的反思可能是李先生的报告留给我们最珍贵的东西,将影响我们一生!

致谢:李秉彝先生认真审阅了全文,提出了许多修改意见,在此表示感谢。

数学教育三人谈[①]

谈话者　方均斌(温州大学数学与信息科学学院)

　　　　李秉彝(南洋理工大学国立教育学院数学与数学教育系)

　　　　张奠宙(华东师范大学数学系)

主题一　关于数学教育国际间的交流

方：两位教授好！据说你们两位是多年的朋友,当初是怎样认识的?

李：我是在新加坡出生的华人,祖籍温州。由于我读中文学校,所以也会讲中文,能用中文写作。上世纪 80 年代初,我担任东南亚数学会的会长,就曾到北京访问。1983 年,应董纯飞教授的邀请访问华东师范大学。

张：李先生在英国女王大学以积分论研究获博士学位,专长实分析和序列空间理论。1983 年他以数学家的身份来访时,我的研究方向是泛函分析,所以是比较接近的同行。那时,刚实行改革开放政策,学校接待条件很差。记得有一个晚上,我陪同他看一场滑稽戏,散戏后在昏暗的公共汽车站等车。他说:"新加坡经济起飞不过用了 20 年。中国 20 年以后一定会进步。20 年可以做很多事情!"现在,事实证明了李先生的预言。

方：后来你们怎么会在数学教育领域合作呢?

李：我始终教数学,指导数学博士生。虽然没有招收过数学教育的博士生,但是我一向关心数学教育,因为数学教育是国家教育的基本建设。由于我比较热心东南亚的数学和数学教育,关注国际交流,1986 年,国际数学教育委员会(ICMI)来信,要我担任委员会的副主席。从 1987 年开始连续做了两届,到 1994

---

① 方均斌,李秉彝,张奠宙.数学教育三人谈[J].数学教学,2009(3)：封二,1-6,11.

年为止一共 8 年。

张：巧得很，也是在 1986 年，华东师范大学数学系成立数学教育研究室，要我兼职（我的编制仍在函数论组直至退休）。真正涉足数学教育就是从 1986 年开始的。

方：中国数学教育界和国际数学教育委员会（ICMI）接触，李先生起了很大作用。

张：是的。比如，1988 年，我接到当时 ICMI 秘书长豪森的信件，说我可以和另外一位北京的数学教育学者到匈牙利参加第六届国际数学教育大会（ICME - 6），并附有一张支票。当时我和豪森教授未曾相识，这当然是秉彝先生的介绍。后来，我请丁尔陞先生和我一起到布达佩斯参加了 ICME - 6。接着，1991 年在北京、1994 年在上海举行了两届 ICMI 的中国地区数学教育会议，李先生都是倡议者和组织者。我后来当选为 ICMI 的执行委员（1994—1997），也是李先生的推荐。

李：我比较了解情况，当然应该推荐。但推荐能够成功的主要原因在于中国是数学教育大国，中国理应在国际数学教育界有一定的地位。

方：今年是改革开放 30 周年。中国数学教育走向世界，是实行改革开放政策的结果。20 多年过去了。中国数学教育仍然需要与国际交流，学习世界上的先进经验。这方面，两位先生有什么建议呢？

张：当前数学教育的东西方交流，非常活跃。美国是发达国家，但数学教育在"打好基础"上有弱点，今年 3 月发表的国家报告的题目就是"为了成功需要基础"（*Foundations for Success*）。中国是最大的发展中国家，具有数学双基教学的传统，但是在创新发展方面有缺陷。至于新加坡则是兼而有之，社会经济发达，数学教育成绩优异，在 TIMSS 国际测试中长居首位，是全世界公认的数学教育最好的国家。中国要向美国学习成功的经验，更要学习新加坡的先进经验。

李：国际交流非常重要。但是各国国情不同，不能随便移植。我常常要讲以下的寓言：

某地区一个原始部落的房子，一向用茅草盖屋顶。人们在茅屋里用木柴点火照明、取暖、做饭，相安无事。后来"科学文明"来了，所有的茅屋都装了电灯，大家都觉得很好。可是，一年之后，茅屋都坍掉了。为什么？原来每天燃火时会冒烟,烟把各种昆虫赶出屋外。现在使用电灯,没有烟薰,昆虫大量繁殖。屋顶被昆虫蛀坏,茅屋轰然倒塌。

这则寓言告诉我们,原来的生活方式,尽管原始,但却十分和谐。电灯当然更为先进、文明。但先进的技术引进来,必须和原来的环境相适应。要用好电灯,则必须采取防虫、除虫措施。不然,好事会办成坏事,正如电灯之于茅屋。西方的教育理念也许很先进,但未必都适合现代的中国。引入先进的理念,需要符合本国的国情。

张:比如建构主义教育理论,在认识论上具有一定的科学价值。但并非是放之四海而皆准的普遍绝对真理。中国台湾用建构主义教育理念搞了十年,结果失败,说"都是建构主义惹的祸"。

李:我把对建构主义的这种盲从叫做迷信。

方:据说美国很关注东方的数学教育经验,特别是研究新加坡数学教育的成果,引进新加坡的数学教材。这方面有什么值得关注的地方?

李:美国对待东方的数学教育,是从美国的基准着眼的。就以新加坡的数学教材为例。我到美国访问时,发现美国人引进的是新加坡已经停止使用的老教材。于是问美国学者:"你们怎么不用我们最新的教材?"美国学者回答:"你们的新课本去年才开始用,效果怎么样,现在还不知道。旧的你们用过,我们也研究过,可信度强。所以我们不用你们的新课本,而是用你们的旧课本。"

张:这很发人深思。在美国学者看来,新的理论和研究成果未必是好的,它们需要经过实践检验,经历一段时间的沉淀和考验,这时才能判断其是否正确。

方:数学教育中这样的例子很多。一个难忘的教训是上世纪 60 年代美国掀起的"新数运动",当时没有经过严格实验就全面推行。结果,"新数运动"到 1980 年宣布"回到基础",以总体上的失败而告终。

李:所以我们在学外国人的东西时也应该有这样的想法,应该掂量一下:"他们有没有试过? 我们有没有试过?"我们有时往往没有考虑得那么仔细。喜欢赶时髦,不加分析地用别人最新的东西。

张:我们国家是一个发展中国家。习惯上是到"国际教育理论超市"中选购最新式的"教育产品"。往往根据"广告宣传"买产品,直接拿到国内来推广使用。最好不要简单地移植,而要实行"嫁接",使外来的先进基因和本土的合理基因相结合。

方：就像买最新式的手机，看见广告就想买。

张：比如合作学习，本意很好。可是美国是小班上课，课堂里不过 20 来个学生，分成 4—5 个小组活动，老师可以照顾得过来。我们是 50 人的大班上课，分成 10 多个小组以后，老师无法关注各小组的情况。因此，还不如"大班讨论"更为有效。那种前后桌互相交头接耳式的交流，如果缺乏独立思考的基础，就往往容易流于形式。

李：学习外国的经验，不能停留在表面上引进。美国学者看东方的经验，是要找出成功的原因，不是照搬。美国人用我们的课本，并不是直接搬用我们的教材。他们是要知道，什么因素使得新加坡在某些方面，如国际测试比赛中占有优势地位，到底是靠什么、通过哪些渠道获得成功，后来我们渐渐悟出一个道理：美国人买我们的"教育产品"，不是直接用产品，而是解剖产品，改进他们自己的产品。反过来，东方国家对于外国的数学教育理论，也要抱这样的态度。

方：现代中国倒没有用美国的教材（民国时用过），也没有用新加坡的教材。问题是我们对于外国的经验没有花大力气研究，容易过度相信国外的理论。比如上面谈到的"建构主义教育理论"。西方一些教育理论对东南亚影响怎么样？只是参考吗？

李：（笑）对，只是参考。美国在基础教育上投入很多钱，支持研究项目。一个教授完成研究项目之后，总要用一些漂亮的术语、系统的理论、新颖的主义包装起来。其中有许多科学的成分，但是有的并没有经过详尽的实践检验。贸然拿来用是不成的。新加坡也吃过亏，例如，新数学运动也曾波及新加坡。

方：新的未见得是好的。

李：就像你突然发现有人用螃蟹煮米粉。你并非真的要直接把螃蟹放到米粉中去。实际上是启发你在烧菜的时候，观念开放一些。别人没有尝试过的东西也可以用来烧米粉，以至联想到螃蟹是否也可以烧面条等。假如我们采用这样的观点看外国人的东西，也许就不会出现太大的偏差。

张：用中国流行的语言说就是要"学习外国经验的基本思想和基本精神"。

方：这也许算得上是国际间文化交流的一条基本经验。

主题二　数学教育理论与实践——关于"上通数学、下达课堂"

方：我有一个感觉，西方的数学教育长于理论，而东方的数学教育则长于实践。今天，想请教两位先生关于数学教育中"理论和实践"关系的处理。

张：我经常引用李先生的名言，就是"做数学教育要上通数学，下达课堂"。我们先谈一下"下达课堂"吧！

李：我先说一些题外的话。历届国际数学教育委员会（ICMI）的主席都是数学家，例如大数学家克莱因（F. Klein，1849—1925）、弗赖登塔尔、巴斯以及现任主席阿迪格（M. Artigue）等等都是很著名的数学家。下一届（2010 年开始）的主席则是巴登（B. Barton），他是新西兰数学教育家。数学家往往不大懂得数学教育中一些特有的规律，有时候提出的看法似乎是要求学生将来都成为数学家。数学教育家领导国际数学教育委员会，可以避免这个缺点，也有助于数学教育学科的独立。这是好的方面。不过，另一方面，研究数学教育的人都想自己成家，弄出不少特有的理论出来。某些数学教育理论基本脱离数学载体，又和课堂挂不上钩。现在许多数学教育工作者有这样的一种担心，就是怕国际数学教育委员会研究的方向会越走越理论化，离开课堂实际太远。

张：美国的数学理论在指导数学教育方面确实有脱离实际的倾向。10 年前，美国加州大学伯克利分校数学系的伍鸿熙教授，代表一群数学家和科学家，强烈批评美国数学教育存在的弊端，讽刺美国的数学课程内容是"一英里宽，一英寸深"，基础不扎实导致美国学生在所有重要的国际数学测试中，成绩始终在中下游。于是引起了著名的美国"数学战争"。西方国家拥有数学教育理论的话语权，理论一大套，但是实际效果不理想。此外，近 10 年来日本采用西方教育理念进行数学教育改革，学生 TIMSS 测试中的成绩反而不如以前，目前正在检讨。这都说明，理论是否正确，最后还得靠实践检验。

方：那么新加坡的情形如何呢？

李：以前的教育研究，也是理论归理论，实践归实践。一个项目研究完后，报告交上去，文章一发表，任务就结束了。最近，我们成立了一个教育研究中心，情况有些不同。中心的研究项目，要求理论研究完成后，还要有一个发展部分，使得理论研究最后还得回归到课堂。也就是说，这个中心里的研究课题经费使用，包括理论推广使用的环节。不过，这还是刚开始，结果如何，你或许三年后问我，我才能够回答（笑）。

方：实践环节怎么做呢？

李：研究与推行就像打天下和治天下，两个环节有很大的不同。研究一般是理论性的探讨，属于学术上的创新与提升。为了推行理论研究成果，我们正在提倡"行动研究"。行动研究首先是解决课堂教学问题，它的定位是在课堂，所做的研究是如何落实到课堂问题上。理论研究的主角在理论，实践似乎只是副产品。而行动研究关键就在课堂，所做的研究就是为了课堂教学而研究，所以才称为行动研究。行动研究不一定要建立一个新的理论，人家的理论我们也可以拿来，进一步做与课堂相关联的研究，并不一定是完全创新的，但是要跟课堂挂钩。这种研究不是研究人员去做，而是老师自己去做。现在我们学校就在鼓励这种研究。

张：既然要落实到课堂上，就必须和学科专业内容结合起来。打个比方，一般教育理论研究好像是"科学院"的工作：主要研究基础教育理论，而学科教育，包括数学教育，就相当于"工程院"的任务。立足于课堂的行动研究，必须有数学教学的具体目标、教学进度、教学设计，讲究教学成本，提高教学效率。我国的顾泠沅教授，也在倡导行动研究，卓有成效。

方：新加坡的教育行动研究怎样开展呢？

李：我们（教育部）已经出了两本记录行动研究的书，内容是把老师所做的行动研究记录下来。行动研究尽量从底层开始，即老师自己搞研究。因为他做了，他自己会推行。研究者说自己怎么怎么好，教师不一定说好，人家不一定要用你的成果。如果是教师为自己需要而做的研究，他会主动在课堂上使用。这个很重要。

方：对。我们国内搞研究的时候，往往有一个不好的评价体系，就是说，由于搞行动研究所花的时间很多，成果限于实践的动态层面，往往得不到理论界的承认。倒是一些只是查阅文献、拍拍脑袋写出的文章却容易发表，成绩"立竿见影"。您对这个问题怎么看？

李：现在的杂志基本上只登理论研究的成果，行动研究和记录教学经验被认为学术性不强，很难刊登。我们（教育学院）出版了一套供教师参考的丛书，就是想建立一个似乎比较"俗"的平台,使得一些行动研究的成果和课堂教学的经验能够得到发表,获得承认。就像"商标注册"一样,有一个认可。这样对教师的升级等会有帮助。

张:现在办杂志受到网络的冲击,纸质的媒体不如电子媒体传播来得快。不过,所谓"发表",却只是纸质的才算数。

李:这是人的观念的问题。就像打个电话不能算互相认识一样,必须与你见个面、拉拉手才算认识(笑)。假如你是在网上发表的,大家感觉到好像这个还不是很正式。如果你的文章在杂志上发表了,表明研究成果已经"注册",得到了认可。这就像两个恋人已经住在一起了,但是还要登记结婚。

方:今后也许会改变。网络的影响越来越大。

李:我也希望如此。其实电子版本比印刷的"硬版本"要好。首先是能够快捷搜索,方便阅读,不像纸质的那么麻烦。其次则是"电子版"毕竟便宜啊!

方:现在应该有条件建立这样的平台了。

李:最难的是第一步的突破。我们从小范围做起,我做出来了,你总得相信吧!就像数学证明存在性定理,你要证明你这个东西是可能的,我是做出来了,而且是有效的,就会得到承认。

方:中国的数学教育有自己的特点,但没有把实践的经验上升到理论,所以,我们的数学教育就像中医,尽管有的中医医生救了不少人的命,但讲不出所以然来,西方国家却能够一套一套地讲,形成自己的理论。

张:我觉得是两方面。一是中医要学习西医,讲究实证;二是中医需要保留自己的特色,自己承认自己。数学教育也是一样。西方学者握有科学与否的"话语权",我们必须在认真学习的同时,总结自己的成功经验,即使一时得不到西方的承认,也要研究总结。

李:美国人如果有一个新研究,他就搞一套新理论,给出了很多新名词,这些名词听起来好像很漂亮,然后进行包装,卖给你。西医也是如此,发现一种病、一种症状,发明一种药,都会带出一套新名词。有些是会糊弄人的。我们搞行动研究,就不搞这一套,必须用老师能够听得懂的语言来介绍,需要体验别人如何接受的过程。我跟我的纯粹数学专业的学生说:"你不要用新名词,否则你的读者就少了一半,你应该考虑使用旧名词,也就是说,要用大家都听得懂的名词与对方交流。"数学教育研究要用大家通用的语言讲述,西方的要用,东方的也要用,在交流中逐渐找到公共的、都可以接受的语言。

方:理论研究,行动研究,西方论证,东方语言,都需要一个磨合的过程。下面,请两位谈数学教育如何"上通数学"。

主题三　数学教育必须"上通数学"——警惕"去数学化"的倾向

方:如前所说,国际数学教育委员会的主席历来都是数学家,从 2010 年开始,数学教育家巴登当选主席。这是否意味着数学教育将离开数学圈了? 数学教育和数学的关系究竟怎样?

张:中国的数学教育学科,在博士和硕士的专业目录中,早先是属于数学范围的,后来改为教育类"课程与教学论"二级学科的一部分。离开数学圈的结果是,数学教育研究的模式只是"教育学+数学例子",甚至于一篇数学教育论文里没有一个数学问题。教师进修培训只有教育学课程,没有数学课程。数学教育硕士招生,只考教育学、心理学,不考数学。总之,目前"去数学化"的趋势很明显。

李:我想谈一个波兰朋友(数学家)的故事,他的女儿五岁的时候进小学(波兰小学入学年龄比较低),他认为小学数学不够严格,于是他放弃数学研究去搞小学课本编写。他讲了这样的一句话:"虽然你编的是数学课本,或者说你教的是小学数学。但是,假如你把你做的事情摆在数学领域里面,它还是正确的,还是能数学化的。"

张:这相当于当年苏步青先生说的"混而不错"。美国教育家布鲁纳(J. S. Bruner,1915—2016)认为,教某门学科,只要按照儿童观察事物的方式去表现那门学科的结构,就能把任何知识有效地教给任何发展阶段的任何儿童。小学四年级学生也能学习"集合论",玩"拓扑学"和"集合论"原理指导的游戏,甚至会发现新的定理。像投影几何学这样一个比较复杂的概念,如果在教学中能用儿童自己触摸到的具体材料来学习概念,那么,它就完全可以为 7 到 10 岁的儿童所接受。

李:这位波兰朋友的另一层意思是,数学教育不能离开数学的本质。小学数学虽然比较简单,也不能变成"模糊不清"、"似是而非"的数学。打一个比方,如果我们与一个婴儿讲话,你不能采用婴儿的发音方式与他交流,否则他就不能学好语言。你应该采用正规讲话的语言与婴儿交流,尽管他还听不懂,讲多了以后,他就能够听懂了。你对小孩讲数学,你可以用比较通俗的语言,但是也必须用一些相应数学的名词,以符合数学本质的表述。

张:也就是说,基本思想不要打折扣,更不可以"去数学化"。

李:20 世纪 60 年代曾经有一个趋势,就是想尽办法把高年级的数学讲给低年级的学生听。当然,能教、可以教不等于要教、应该教。

张:我觉得通俗介绍高等数学是一个必须面对的问题。数学知识在爆炸,而中小学的学习年限只有 12 年,因此数学知识的整合与下放是必然趋势。微积分、概率统计、向量矩阵、算法程序等都在中学出现了。

方:高中新课程增加了许多新内容,教师的数学知识储备需要扩充,老师们觉得有困难。

张:困难有一点,好像不是很大。中国数学教育在实践上比较好,和中国数学教师的数学水平比较好、数学基本功比较扎实有关。比如,平面几何证明、式的运算、逻辑思维、$\varepsilon - \delta$ 语言、勒贝格积分,曾经是中学数学教师的必修课。这些基础非常重要。只是近年来,这方面有所淡化。

李:你们师范大学的学生参与教学实践时间比我们少,但在数学学科方面念的东西比我们多。现在有一个国际性争论:什么时候培养教师才是合适的呢?几十年前,数学系学生毕业后立刻当老师,然后一面教书一面培训,即在职培训教学能力。后来,提倡进行职前培训,师院的学生还没有教过书,就学习如何如何教学,纸上谈兵。这些学生毕业去学校,校长就说:"怎么搞的?教育学院没有教你如何备课这些起码的东西吗?"学生说:"没教!"其实我们是教的。为什么学生会说没教呢?因为他没有用过!所以还是不会。

张:这个争论我们正在进行,也是两派。我们的传统是职前多读数学。因为做教师以后,没有时间系统地读数学了,而教学经验的积累却是一辈子要做的事情,这也许是一个优良传统。

李:我想职前多读点数学是有道理的。我在美国写过文章,说美国培养数学教师是"Mathematics for Teaching",即让教师学习"要教的数学"。于是职前培训数学教师,只学习将来要教的那一点点数学,那是不够的。我们则主张

"Mathematics for Teachers"，意思是应该学习"为了做教师所需要的数学"。一词之差，教学的重心就不一样了，即新加坡的职前教育是为未来教师专业成长服务的，而不是就事论事地学习一点数学。总之，数学教育研究必须上通数学，数学教育课程也必须上通数学。

张：近年来，美国的教育界也出现一些新的声音，要求重视学科内容的教学。例如，舒尔曼（L. Shulman）提出 PCK（Pedagogical Content Knowledge）理论，即指要教师掌握"教学内容知识"。强调对教学内容的研究，过去的教育理论，总是在教学方法上兜圈子，是远远不够的。

方：我们常说"为了给学生一杯水，教师需要有一桶水"，就是这层意思。现在我们国内搞数学教育研究的人，是夹在数学与教育之间的，数学家往往认为，我们搞的这些不严格，不像数学那么严谨，没有多少技术含量。而搞教育学和心理学的专家则往往认为，我们不是在搞正宗的教育，都是一些枝枝节节的东西。数学教育的杂志很多得不到应有的认可。所以，搞数学教育研究的人很苦。不知道新加坡到底怎么样？

李：还是有这种现象存在，这不仅是中国的问题，也是国际上的共性问题。我觉得数学界、数学教育界、教育界三者要彼此跨界，一旦跨界了，很多事情就可以交流。我最近在新加坡讲庞加莱猜想，由于是针对普通听众，所以我不能讲得太深。但是，我在演讲中讲的每一句话都能经得起推敲，假如你（听众）要追问我的话，我可以一套一套地给你转换成比较严谨的数学语言，最后出来的东西还是对的。我的意思是，小学数学教学也可以做到与数学家工作相衔接。这种通俗的讲解，需要数学的理解和教育的方法。如果能做到这一点，数学家没有理由看不起数学教育。

张：你说的"跨界"很重要。就是数学家要设身处地看数学教育怎样思考，数学教育工作者则要努力体现数学的本质。

李：说我们数学教育者与数学家有距离，大家不能互相理解，主要是跨界的人太少；将来数学家兼数学教育家的人多起来，沟通的渠道多，像美国那样的"数学战争"就打不起来。大家的目标是一样的。我们把焦点集中在目的上，争议就会减少许多。至于手段，可以允许百花齐放。

方：数学教育家和教育家之间是否也要跨界呢？

张：当然。总的来说,数学教育是教育的一部分,所以教育家当然要把数学教育看作自己的一部分,不仅要跨过来,而且还要占领了。倒是数学教育研究工作者自己比较局限,腰杆不硬,不敢跨过去。前面说过,如果说教育研究具有"科学院"的性质,那么数学教育就具有"工程院"的性质。两者是相辅相成的、平等的。

主题四 数学教师的职业与培训

方：李先生,您现在70岁了,还在上课?

李：我现在上硕士班和博士班的课。数学硕士学位班有两种,一种是普通的数学硕士学位班,全部课程基本上是纯粹数学,毕业后可以做数学家以及其他工作,也包括当数学老师。另外一种是新举办的数学硕士学位班。这个班级的学生多半都是中小学的数学教师,其中一部分数学非常好,也完全能够当数学家。由于多半是教师,开的课尽量与中小学数学教学挂钩,如代数、离散数学等。教的方法也有所不同。

方：对这些老师,有无论文的要求?

李：我们现在一般的硕士有两种,一种是需要写论文的,另一种干脆就不写论文。不写论文的学生科目学的就比较多,选课的范围也比较广。这两种班级,不需要写论文的班级比较受欢迎。培训时间本来不多,如果把时间都花在搞论文上了,以后又不搞研究,不如多念一些符合需要的课程,对以后教课也许更有用。

方：在新加坡,谁能当数学教师呢?

李：我们新加坡没有搞教师职业证书的方式。凡要教书的未来教师,都要经过我们教育学院培训,没有来的就是不合格的教师。受训的老师可以分成三种：一种是大学毕业生,无论是教小学还是教中学,他们需要受训一年,扣除假期,实际上只有九个月；第二种是高中毕业生,需要受训两年,他们出去后教小学；第三种是最近才有的,大概在最近十年内吧,举办学士课程班,就像你们的师范大学一样。不过我们这种班级培养是教育部出钱的,他们毕业后一定要教书。

张：中国从2007年开始招收免费师范生,也是必须从事教学工作的。

方：那么,教师受训后还有什么要求?

李：在职教师每年有 100 个小时受训时间。怎么个算法呢？去听课也算，在学校自己本身培训也算，总之在课外做的一些对课内有帮助的活动，这都算培训，并不是一定要求教师坐在那里听课才算参加培训。所以这 100 个小时受训时间只是一个大概的数字。另外，我们鼓励教师去念高一级学位，以前念硕士、博士一般会去找别的工作，现在不是，硕士读完后还是在学校里工作，当然，目前博士读完后还是在学校里工作的不多，但也不是没有。

方：你们有集体备课吗？

李：你们这里的集体备课等活动，在我们那里较难组织。因为把全部教师召集起来几乎不可能，不是这个老师有课就是那个老师有课。教育部也在动脑筋，建立一个所谓的"空白时间"，这个"空白时间"内所有教师都不给排课，要搞的活动就在这个时间安排，教师也就比较有可能参加了。

方：教师的待遇如何？

李：相对于整个人力市场，我们教师的起薪比较高，但是我们老师的待遇提升比较慢，如果肯去外面拼搏的话，也许能赚得更多的钱。话又讲回来，当国家经济情况不好时，就觉得教师职业好，收入稳定。当经济情况好时，人家就会说："你这个笨蛋，教什么书！你看，我现在多好！"所以，这个完全是相对的。不过，基本上，老师的待遇还是比较好。

方：教师的流失现象是否严重？

李：那要看你是怎么认为的。在教育界，基本上是你培训他一年，他工作十年。过去，我们总觉得"当老师要一辈子献身教育"。有一年，我们新来了一个教育部长，他以前是在国防部的，有人对他说："我们的教师流失很多！"他问："多少？"那人说："每个教师大约平均做十三年半的教师工作。"他说："这很不错啊！在军队里，人员的流动量更高，你怎么能培训一年，就要人家一辈子都做教师呢？"

张：我对新加坡小学生需要分流有想法，觉得太残酷。那么小的年纪，就能够判断将来能不能升大学？是蓝领还是白领？现在强调教育公平，不能早早就剥夺一部分学习困难学生日后的升学权利。谈谈你的看法。

李：教育机会要公平，是让学生获得适合自己的学习环境。成绩好的学生当然可以有老师的特别帮助，如参加竞赛等等。问题是一些后进的、学习成绩比较差的学生怎么办。新加坡人口少，每一个劳动力，都要给予充分的教育，使他对社会有贡献。有一批留在底线的学生，他小学会考考了三次都不及格，那怎么完成十年义务教育呢？（新加坡是小学六年制，初中四年制）最近我们成立的"特别学校"，收到很好的效果。

张：这是中国教育的软肋。我们只讲竞赛、拔尖，对优秀生关爱有加，对成绩差的学生，很少过问，就这么拖在班上，拖满九年。上课听不懂，闹事，甚至成了问题学生。我们还没有什么有效措施加以解决。

李：这种"特别学校"的教学是特殊安排的。比如数学，一般学校按照常规教学进度进行，而"特别学校"则是讲授四个主要的情境，数学就在这四个情境中进行。其中之一是生活，比如买东西、搭车等，创设一些社会情境，在这个情境里面提出很多有关的数学问题，所以就比较有意思。如果说传统教学进度是一个课题一个课题地横向传授，那么"特别学校"的教学则是垂直进行的，即他们把一个情境所涉及的数学问题由浅到深地进行教学，即围绕这个课题进行数学教学。这样做是有效的，我们已经做了两年，这所学校正在扩充中。这所学校最成功的是给学生自尊！以前这些学生被人家瞧不起，他们根本抬不起头来。所以这所学校做得最成功的是让学生树立了信心。当然，这所学校也教学生很多技术，比如教理发、怎么服务等，因为新加坡有很多服务行业。

方：这一类学校受欢迎吗？

李：很受欢迎。一些家长由于孩子成绩不好，想把孩子送到"特别学校"，但不行，只有不及格才能去。于是他们讲一个笑话，你要进这所学校，只有先考不及格，及格了就没得进去（笑）。

方：他们日后的出路如何？

李："特别学校"其实就是面向小学升初中时分流出来的学生。毕业时保证这些学生接近或者达到初中毕业的学业水平。这些"特别学校"毕业生能够抬得起头，并且初步有一门手艺。他们还可以进工艺教育学院，在那里才真正学习和掌握一门更加职业性的手艺。

张：新加坡的职业学校办得好，大大减轻了升学压力，缓解了应试教育。

李：我先讲两件事情。前些时候，教育部相关人员在讨论是否增办一所新的大学，结果没有办。理由是整个新加坡劳工市场是金字塔式的。一个经理需要很多助手，就像一个乐队，只有一个指挥，一个首席小提琴手，不能够整个乐队都是指挥呀！所以，有一个工程师，需要有十个或者不到十个的（如六个、八个）技工在工程师手下工作，如果你培养十个工程师，下面没有技工，那就成不了一个团队，后来就决定不办这所新的大学。只是多开了几所理工学院，我们这里所谓的理工学院，是学生初中四年毕业后可以进的学院，进理工学院后，基本上是进行职业训练，如做工程技术、媒体工作、设计工作等，就是说底盘要大，底盘以上不能有太多的人员。第二件事情是，因为学生从理工学院毕业后动手能力强，比较受厂家的欢迎，结果造成这样的一种现象：一些很好的学生不进大学，而是进理工学院，主要是解决他们自己的就业问题。

张：中国还是发展中国家，农村劳动力比较充沛。所以劳动力的"金字塔"暂时不会消失。不过，针对每个学生的实际情况进行教育，总是对的。发展职业教育，给体力劳动者更高的社会地位和收入，是我们发展的重点之一。听说新加坡的学生不进高中，也能上大学，那是怎么回事？

李：以前只有一条路，即进高中考大学，但是高中毕业后，由于大学的学生名额有限，很多学生就不能上大学，这些学生就高不成、低不就。不能升学，又没有一技之长，在社会上难以立足。后来我们有这样的一种做法，如果你要念高中的话，你就是要进大学，假如你不进大学，那就让你进理工学院。所以现在有第二条路进大学，就是理工学院毕业工作后再进大学。这些有一技之长的人，可以升学，也可以就业，都不耽误。

张：中国的职业教育发展缓慢，家长想方设法要子女进高中，不想做蓝领。这是社会问题。不过，现在大学生毕业就业难，职业学校学生就业容易，到了一定的时候，情况也许会变化。我们要认真学习新加坡的经验。

李：我们也存在问题。比如，我们在 TIMSS 上考第一，不管人家怎么认为，我们毕竟是考第一，第一就是第一。假如你钻进去研究，我们的第一是怎么来的？我们怎么比人家好？严格地说，我们并不比人家好，我们只是平均分高，从统计角度上讲，我们的差生比人家少，我们的优生不见得比别人好得了多少。此外，我们参加 TIMSS 考试太久了，结果目的也就有点歪曲了，手段变成目的了，教学往往完全朝着这个考试目标走，这就产生了偏差。

方：就是考什么，教什么的应试教育。

李：为了改变这种偏差，我们准备参加 PISA 考试，因为 PISA 试卷有点不一样。回答 PISA 考试的题目要动脑筋，它没有像 TIMSS 考题那么直截了当。TIMSS 考题一看就懂。而 PISA 考题，你看上去懂了，却不一定懂，看你有没有分析能力，能否活用你所学的知识。此外，我们有意淡化考试，对学生与家长等做宣传：这些考试不是生死关，你这个考不及格，还可以通过其他考试。不是这次考试不及格，这辈子就完了！如果能够淡化考试意识，那就对学生的成长有利。

方：克服应试教育的弊病，是东亚各国的共同任务，新加坡的教育工作做得很细，很有成效。让我们多多交流吧！谢谢两位老师！

李秉彝谈数学精英教育给我们的启示[①]

方均斌

2009 年 6 月 15 日,新加坡的李秉彝先生到南京师范大学访问,笔者有幸单独与他进行了一次关于数学精英教育的长谈。70 多岁的李先生思维敏捷、观点深刻、视野开阔、言语幽默、富有激情,由于是长谈,范围广泛。因此,笔者把他的话进行了整理,保留了他关于精英教育的论述原意并征得他的同意,把核心观点奉献给读者,同时结合笔者自己的体会谈自己的一点想法,希望对读者有所启发。

一、李秉彝先生谈数学精英教育

(一) 开阔视野,兼容并蓄

方:李先生,以前我们都是谈普及教育的问题,即大众化数学教育,最近一段时间我们国内有个声音:关于精英教育的问题。一些教育工作者逐步达成一种共识,就是说,一个国家真的要繁荣,精英的作用不可忽视。因为您是数学及数学教育方面的一个精英,请您结合新加坡的做法以及本人的体会谈谈您的见解。

李:过去,新加坡可以把所谓好的学生都放在同一所学校里培养,但也一直没有这样做,现在开始有分流培养的趋势。就是说,不仅有学校培养特别好的学生,也有学校培养特别差的学生。这还是刚刚开始,还没有走完一个完整的过程,就是说还没有特别差的学校毕业生出来,还不是十分有数。

关于精英(教育)的事情,由我们教育部人员进行特别测试。即,把小学离校

① 方均斌.李秉彝谈数学精英教育给我们的启示[J].数学通报,2009,48(9):21-25,29.

考试成绩优秀的学生选出来参加特别测试,考得好才进入优生班(这些学生不超过总毕业生的百分之二)。当然,选出来的未必是优生,可至少优生可能性是很高的,而且优生多半是在这个百分之二里面。很早以前,我们原本可以把这些学生集中统一培养,但出于这样的一个观点:不仅要考虑学生的学习问题,还要考虑他们的生活。假如你把这百分之二学生进行单独培养,尽管他们在学习上可以搞得很好,但是生活上很可能会出现诸如孤立等一些不良现象,所以最后决定不把这些优生单独培养,同时,也把一些学习上特别差的学生和他们在一起培养。

现在慢慢又开始有一点不同的想法了,最近出现了一个做法:在大学里面设立附属理科中学,刻意培养一些理科优秀学生。与所谓的差生相比,优生往往在各方面都有优越感,但他们不能总"抬着头"而不"低下头",因为他们最终还是要服务社会的,这个也是我们关心的一个问题。从我所了解到的其他国家情况而言,培养方式就这两样:一是单独培养,二是混合培养。这两种方式很多国家都有采纳。我们早前是同校培养,现在发现有抽出来单独培养的需要,但是我们现在的做法不是只做这种情况,两种情况都有。

(二)更新观念,开放思维

方:我们国内也曾经试图培养一些优秀的学生,比如我们进行奥林匹克数学竞赛,早期的还有少年班,我们都想培养一些优秀的学生。从上世纪 80 年代开始,我们就在做这些事情,试图让他们成为数学家,但是,他们都远离数学而去,他们得出的结论是:学数学太辛苦!那么从您自己学数学的这个经历和体验,您认为对小孩子的这个早期培养,应该要注意什么?

李:我想,现在对数学的解读应该是不一样了吧。过去数学就是数学,但是现在情况不一样,就是一些似乎不是数学的学科也有很多数学成分,你不能说,他不念数学就不是搞与数学有关的东西。过去是说,你在数学系里面念的才是数学。现在情况不一样了!你不在数学系里面,你很可能念的就是数学!搞来搞去还是数学,假如你这样想的话,他还在念数学,还是(观念)要开放,我们不能够把门关起来:"你不能出去!"还是要开放。其实,也要鼓励一些在数学方面能力比较强的学生,让他能够搞"不同的数学",也可以说是搞应用数学。就数学而言,我们也不需要(数学优秀学生)将来全部都搞数学。过去我们比较刻意地培训数学优秀学生,这些学生数学念得比较多,当然也比较辛苦。我想,现在已经不是这回事了,所以,我在新加坡提出这样的说法:让更多的人念比较基础的数学。我们要建立一个比较大的底盘,有这个比较大的底盘就更有可能培养出比较优秀的学生。假如我们把上数学系的学生才认定为搞数学的话,能够收到的学生就(可能)不会多,有些数学系就可能要关门。其实,一些学生并不想过早专业化,念数学专业也只认为是一个过渡手段。所以,我们要观念开放。

方:能不能把这个观念提高到另外的一个角度来看,我们大学里面的数学系培养的学生或者是硕士研究生,乃至博士研究生,他们应该只是获得数学的一个新的平台?

李:是呀!他去做经济研究也是完全可以的呀!应该是鼓励的。培养师资的话,并不是只培养师资呀!假如你培养的师资将来去做别的事情,只有好,没有坏。

就我们教育学院而言,培养出来的老师,他往往只教了五年就做别的事情。对这种现象可能有两种看法:一是浪费,就是说,我(辛辛苦苦)培养的老师都走了;另外一个观点则认为,这些人都还在啊!他去做别的事情,他还是对国家有贡献的!国家是一个整体,他(只要)对国家社会做贡献就可以了,他不一定要去教书。所以,我们观念要跨界。你不能说:"要做这个就要做一辈子!"这是过去的一种观念。现在,我们必须要看到,不能够把人家锁起来,我们要门开着他不出去,那些就是好的学生,就会留下来把数学研究搞得好,如果强制把他留下来做,往往就做不出来,这不是一个好办法,所以要开放,要扩大人才的自由流动,这是我的想法。

(三)学会宽容,因势利导

方:您的想法很好,那么,我能否问得直白一点,就是说,从您自己成长的道路上来看,您为什么对数学一直很感兴趣?

李:容易嘛!我的一生讲得简单一点就是按照自己(觉得)最容易走的路走下去(笑),往阻力最小的路走下去,这是我对自己的评价。

方:也就是说,您感觉自己在数学上做得还是比较顺利的?有没有碰到过阻力？

李：顺利不顺利有两种解读：一种解读是，如果降低你对自己的期望，你就往往很自足了（笑）；另一种解读就是兴趣要广泛，涉猎知识面广一点，总会走出来的。

方：现在我们国内比较急，像华人数学家陶哲轩这样比较有名的数学家在国内就很少，早期像在国际上影响比较大的华罗庚、苏步青等一批数学家，接下去（30 年代之后）几十年也很少见到。

李：培养运动员有两种方法。一是选准人才，专业训练，这是一种培养方法。假如经济能力不足，条件不好，这是一种可以考虑的选择，因为你不可能全面动员。澳洲人口并不是很多，但它在运动方面有很好的成绩，它采取的是全民运动。另外一个做法是尽量提供一个好的环境，让那些有兴趣的往前走，出好成绩的概率就会很大。假如国家有条件的话，人口众多的中国，如果提供一个好的学习数学环境，肯定会有好的结果。当然，我不是说把这两种训练方案对立起来，它们可以互补结合。首先，提供一个好的环境容易出现一批优秀后备人才，出现这些优秀后备人才后，不是放任不管，而是要集中培训。我们往往寄希望于出现黑马式天才："这个家伙真是厉害！不管怎么压都压他不住！"但天才不多，需要创造一个好的环境，使人人参与，催化黑马式天才的产生。

方：对！刚才我们讲的，我国早期奥赛（获奖）的那一批学生，当时我们老师认为他们也是天才，比如我的一个学生，他现在到美国搞理论物理去了。我们认为他当时是搞数学的天才，我刚才所说的远离数学而去，并不是说他在物理方面作贡献是不可以的，但是我们感觉他在做纯的数学方面还有更大的发展，但是他觉得做数学很辛苦，最后选择"改行"。您应该最有体会的，数学有时在关键点的时候，是一个最难爬的地方，那需要一定的天分，尽管勤劳是重要的，但是天分也是非常重要的。

李：我始终有这样的一个看法，就是搞教育是不能够太有效的（即：太急功近利的）。鸡瘟、猪瘟就是（饲养追求）太有效才出现的。很多东西我们是不能预见的，我们在处理一个不能预见的情况时就得开放，不能够（追求）太有效，否则就把可能发展的路都拦住了！从某种情况上讲，我们就只能模糊，教育有时本身就是一个模糊的（东西）。

方：您是说，我们知道某个学生在某些方面是有天分时，我们培养的（方法）应该是疏导而不是强压？

李：对！有没有（只着眼单科的）奇才呢？有，这个不多。不过，现在很多科学的发展都是跟其他学科挂钩的，假如你只做这个，不做那个，有没有（可能出）成绩呢？也是有，也有人做出很好的成绩，但是，多半是因为他跨界，跨学科等，假如他太专业的话，他（往往）是跨不过去的。

（四）讲究策略，注重方法

方：对。我们很多中学老师有这样的一个体会，发现一些学生在中学是一匹黑马，是搞数学的料，我也遇到过，你能否对这些老师提一些建议？

李：前面我们讲过，首先对学生要开放，要开着门。其次，要适当增加吸引他们的数学相关课程，现在外面很多数学的新发展，比如经济数学、生物数学等很多课程，这些新课程让学生去念有什么不好的？把数学课程开得丰富多彩，让它们具有极大的吸引力，我不叫他他也来，我们能做到（这一点）吗？是可以做到的，这样就会把好人才留住。

在60年代有统计学这门新课程，现在还在；70年代有离散数学，70年代有人曾经就想（用）离散数学取代微积分，但没有成功；80年代（的课程）是什么？80年代新添的课程是计算数学。那我问你：近二十年来，大学有什么新课程呢？有经济数学、随机分析。但是，没有像我刚才提的那三个落地生根，能否落地生根呢？有些课程你一定要考虑，你考虑之后可以不做，这是完全可以的，但是，你没有考虑是不可以的。这几十年数学在不断现代化，你过去十年、二十年内，在课程编排上，有现代化没有？为什么人家会跑去隔壁，因为隔壁好呀！有很多新的东西呀！它有很大的吸引力呀！你还是在讲二十年前的东西，落伍了！我们能否做到让我们的课程也具有吸引力？

方：我举个例子，虽然我没有听过您的数学课，但您早上与河海大学的两位老师的谈数学话题我就领教了，您能旁征博引，视野非常宽，能够把生活道理与我们非常抽象的数学相挂钩，而且融进了幽默的因素，像您这样的老师，那学生肯定是"逃不了"，他不会远离我们数学而去。我们数学教学，真的需要把一批学生吸引住。我现在发现我们的一些老师，好多是不讲教学方法的，他往往很死板地进行推理、论证等，一旦证明好了，就擦掉了。然后又是下一个定理……他们甚至还不屑于对教学方法进行改进，我有时去听他们的课的时候，尽管他们的课我对部分内容有一些生疏，我也能够知道一个大概，并在课后提一些建议，但是他们感觉还是无所谓。您认为怎么样把学生吸引住？对这些方面您有什么建议？因为您教了四五十年的书了，而且课上得非常生动，您自己的体会是什么？

李：举个例子，这是我周四要到河海（大学）的讲稿，话题是"知错能改的信息编码"。我就从最古老的信息编码——"烽火台"（为例）入手，讲烽火戏诸侯的有趣故事，这样讲就比较讲究教育方法，我这个就是"儿童版"的，不管是数学还是非数学专业的，都能够听得懂，这个编码的背后实际上是群论！如果你硬邦邦地讲群论，不把听众吓跑才怪！1971年，送去火星的人造卫星，它从火星送回照片是不得了的一件大事，它是怎么完成的呢？它就是靠这个汉明编码（Hamming Code），这是群论里面的一部分，所以我讲群论的时候是从讲线性编码入手的。否则一般学生就会感觉很无聊，其实这不是无聊，完全有道理的，有血有肉的。

方：对。你刚才讲的是教育载体的多样性问题，即教育内容重要，这很重要，这是核心问题，你刚才说的是抓住了主要问题，还有一个是，同样的内容，老师讲解的方法也有差异的。

李：这个当然是第二部分了，第一部分你先要材料好！第二部分才是你的烹饪技术！你材料不好，技术好，怎么搭也是有问题呀！

方：对，巧妇难为无米之炊。我感兴趣的还是您的教学艺术，您对数学老师是不是在教学方面开动思维上提一些建议？因为您在教学中能够很好地借鉴中国古代的一些东西。

李：（笑）烽火台呀！儿童版呀！

方：对呀！能够让大家感觉到通俗易懂。现在我们的一些老师就是不太注重这些。

李：是这样子的，现在中国的新课程改革，很多高等数学走进中学，如果根据大学方法教，那就难了！而且学生不容易吸收，但是，是可以把它讲好的！有的老师下了很多功夫，就教得比较通俗易懂，用学生的语言来（组织）教学。就是要让"小提琴讲中国话"，这是我在西安遇到的从重庆来的一位老师讲的一个例子。我有一套教微积分的讲稿,里面很多东西是不讲证明的,是"叙述性的微积分",用形容词,不是用动词和名词(笑)。这套讲稿的特点是构造序列,采用不等式的手段来回避微积分里面最难的 $\varepsilon-\delta$ 语言,几年下来,结果发现学生很好理解,也没有影响那些需要在数学上进一步发展的学生。这个跟烧菜一样,我这个厨师几十年就是要用这个材料,没有这个材料怎么能够烧得出来? 你如果还是用原来的材料烧菜,尽管味道很地道,但顾客不喜欢,他们欣赏不了! 怎么办? 现在有一个选择的问题。一是不改,那就被顾客抛弃;另一种就是改,生存! 那你选择哪一个? 假如你选不改,那是你的选择,无话可说;给我选,我选生存之路。你或许会说:"你把 ε、δ 搞不见了,我以后怎么过日子?"话说回来,假如你的学生以后不当数学家的话,他根本不需要 ε、δ,所以你日子还是好过的。好,你以后要当数学家,我现在不教你,你以后迟早要接触 ε、δ,我(这样教)会害了你一生吗? 没有,怎么没有呢? 你需要证明的,有兴趣的话你就去证明,我也会针对学生情况提出个别乃至全体的要求并给予必要的指导或教学的。又回到我刚才讲的那句话:你要面铺得宽,里面一定会有人才出来。所以,为什么世界选美的都是大国选中的? 它人多! 新加坡小姐要选中的概率不是太高! 因为它的"底盘"(人数)太小。

方:谢谢您! 听了您的话,我觉得视野开阔了很多!

李:不客气。

二、李先生谈话给我们的启示

李秉彝先生祖籍数学家之乡——浙江温州,他本人也是一位数学家,他曾经担任东南亚数学会主席,同时,他很关心数学教育,教学水平非常高,曾经担任过国际数学教育委员会副主席的职务。这位数学及数学教育界的精英关于数学精英教育的谈话给笔者很多的启示,相信读者也有同感。

(一) 大众化普及教育是精英教育的重要手段

李先生在整个谈话中渗透着这样的一个理念:把"底盘"做大! 即要让更多的人学习数学。数学精英教育离不开数学的普及教育,从某种程度上讲,数学精英教育的基础是数学普及教育,数学精英教育不能仅仅盯准几个所谓的"数学苗子"。实际上，很多数学家早期的数学才能表现并不显眼，华罗庚小学时数学成绩不及格，丘成桐初中时数学成绩也不理想，但他们后来在数学上所作的贡献是他们当时的数学教师所无法想象的，倒是一些我们认为早期在数学上似乎很有天赋的"数学竞赛苗子"，后期在数学上的表现往往让人们大跌眼镜！

值得指出的是，由于应试教育必须要考数学，所有的中小学生都要学习数学，这给我们造成学习数学人数"底盘很大"的错觉。实际上，如果学生认为学习数学是为了应付考试，往往抱着应付的心态学习数学，在他们的眼里，数学只是在考试的时候才有用，一旦通过考试，就将数学抛弃。2009 年 6 月高考前夕，某校学生集体撕毁练习卷(按常理，里面的数学试卷肯定不少)抛向空中形成茫茫"雪花"①就是一个让人心寒的例子。因此，我们不仅要看表面上学习数学的人数，还应该看学习数学有兴趣的人数，大众化普及教育必须从培养学生学习数学兴趣入手，只有这样才能把学习数学的"底盘"真正做大。

以往，我们提倡数学大众教育，似乎不提数学精英教育，按照李秉彝先生的说法，实际上提倡数学大众教育是精英教育的一个很重要的措施，数学大众教育是精英教育的重要手段，精英教育并非只是关注我们似乎已经盯准的几个"数学苗子"，而是要求眼界更广一些，将来出现的"黑马"也应在我们的"情理之中"。

(二) 学科精英教育不能忽略学生的身心健康

我们经常发现一些"早慧"的孩子，从我国历史发展来看，"早慧"的孩子被爱才心切的大人捧杀的概率非常大，由于环境的变化及这些孩子的身心发展不协调，大人愿望良好的一些举措往往成为这些"早慧"孩子的"杀手"。比如：大人情不自禁而不分场合的表扬，把这些孩子弄到一个不适合他们发展的具有更强竞争力环境，不注意他们的青春期身心变化与学习的冲突，等等。就数学这一学科而言，学生表现出来的早慧往往是较早地"适应"甚至超过同龄人应该接触的数学，能否对以后的数学产生兴趣或适应还是个谜。众所周知，数学学习有很多"坎"，如：(1)直观的形到抽象的数然后是数形结合；(2)具体的数字及运算到抽

---

① 德州之窗综合. 高考结束　考生撕书发泄. http://news. dzwindows. com/html/2009-06-11/10232431. shtml.

象的代数系统；(3)静态的代数式及方程到动态及联系的函数；(4)具有现实世界直观模型的四维以下的几何系统到高于三维的抽象向量空间系统；(5)确定的现象到不确定的随机现象；(6)具有直观现象支撑的演绎系统到似乎违背直观的纯粹假设而形成的演绎系统；(7)纯粹演绎并逐级抽象的过程，期间还夹杂着很高技巧，并包括对个体的洞察力、想象力以及各种数学思想方法掌握和领悟的挑战；等等。一些在数学上早慧的孩子的学科智力上的超常发展与一般规律的心理、生理发展的不协调以及与社会按照一般人的思维、心理、生理发展的群体办学模式的冲突，往往使得他们因自身无法解决的种种矛盾而在数学学科上的发展中半途"夭折"。

有经验的数学教师往往有这样的体会：一些学生在某个时期的数学思维非常活跃，但过了一段时期，他们的脑子却忽然不怎么灵活。我们认为，出现这样的情况的原因非常复杂，主要有这么几个可能存在的因素：思维发展、心理发展、生理变化、教学手段、环境因素、数学内容等，这仅是我们臆测的并无确凿证据的因素，学生的身心变化与数学内容的变化不协调是很可能的决定性因素。我们以前对学生所表现出来的早慧现象，由于过多关注智商而缺乏对情商的足够重视，这样的教训是我们必须吸取的。求才心切而往往拔苗助长，李秉彝先生所说的"他们将来要服务于社会呀"、"他们不能老是抬头，也要学会低头"，是要让我们好好反思。

(三) 开放与宽容是开展精英教育不可忽视的心态

爱才之心人皆有之，长期接触数学使得我们对数学产生了特殊的情感，寻找"接班人"的潜意识使得我们对数学表现出色的学生在心理天平上产生了一定的倾斜，但我们切不可忘记，学生并非与我们一样对数学有如此长的时间接触，况且，他们面临着的是众多的学科，数学仅为这些众多学科之一，他们还要综合考虑各种学科与生活环境，尤其是家庭环境以及社会发展大方向的影响。上世纪80年代数学奥赛奖牌获得者很多改行从事计算机行业，这是由于社会刚处于计算机发展迅速的时期，吸引这些数学精英也是社会大环境的需要，按照李秉彝先生的说法，他们"搞的还是数学"，因为计算机本身就是数学的产物。换句话说，即使这些学生将来搞与数学"毫不相干"的学科，比如文学与艺术学科，那就为这些学科注入了一股"新鲜力量",因为这些学科缺乏的往往是懂数学的人才,一些跨学科的人才往往就在这些人中产生,按照李秉彝先生的说法是"培养精英要善于跨界"。李秉彝先生认为:"我们要开着门进行数学教育,只有开着门的情况下学生还不愿意离开,这些学生在数学上才有真正的培养前途。"

(四)教学内容及艺术决定着精英教育的成败

数学在不断变化中,数学课程改革也必须日新月异,我们只有通过课程改革来吸引学生,当然,数学教学艺术是很重要的"招数"。这是李秉彝先生在本次谈话中所强调的一个理念,因材施教也是李先生所坚持的观念。新加坡有一种"特别学校",小学离校考试(相当于我们的小学毕业会考)多次不及格的学生将在这种"特别学校"中学习,这个"特别学校"的数学与传统数学编排方式截然不同,按照李先生的介绍,是以生活情境来编排的数学,教师是边教学边编写教材,据说目前教学效果非常好,很多家长想把孩子放在"特别学校"中学习,李先生开玩笑说:"那,你的孩子得考不及格!"尽管属于另一类特殊教育的范畴,但足以说明新加坡在关注数学特殊教育方面是下了功夫的。笔者访学的导师张奠宙教授对笔者坦言:"新加坡的'特别学校'在我国很可能行不通,我们以前曾经有过类似的做法,但由于家长很要面子,结果半途夭折。"相比于精英教育,我国也存在一些类似的观念问题。例如,不合时宜地加压、加量,让学生超负荷地参加各种数学比赛和集训,使原本以好奇心为出发点的数学学习转化为以获奖为目的的数学学习,学生的压力无形中被加大,最后在没有具体竞赛目标的情况下由于对数学产生畏惧或反感而远离数学。笔者有一个同事曾经说:"我很喜欢吃苹果,最近血压有点高,我爱人听说吃苹果有利于降血压,于是就规定并督促我每天至少吃一个苹果,这两天我看到苹果就怕!"是呀!假如他爱人不采取规定和督促的方法,并且已经知道他喜欢吃苹果,就经常在家里多摆放一些不同品种的苹果,并告诉吃苹果有利于降血压的道理,这位同事肯定不会对苹果产生反感。数学精英教育也是如此,与一些对数学感兴趣的学生多讨论数学问题,为他们多提供一些适合他们阅读的数学参考书,少一些强制性集训和学习任务,这或许是一种比较好的方法。尽管一些集中培训能够提高学生的竞赛成绩,但笔者认为,这种模式如果运用不当,很可能使得一些数学好苗子"夭折"。新加坡尽管国际奥赛的成绩不如中国，按照人口基数的观点，新加坡的"人数底盘"不够大，但他们在TIMSS、PISA上的成绩让全世界刮目相看，这是我们需要认真思考和研究的。

值得提出的是，在课程改革中，我们原来的严谨逻辑体系出现了松动现象，这与美国等一些西方国家正在反思他们的数学课程是否过于松散形成鲜明的对比。中国数学会教育工作委员会主任张英伯教授在评价中学数学课程标准时说[①]"中国大陆的国情可能不同于西方国家，西方的课标是学生掌握知识的最低标准，学校的课程可以超越这一标准，还可以有各种精英中学。但我们国家课标基本上是唯一标准，因为高考是统一进行的，无论重点中学还是一般中学，无论学生的程度如何，都只能遵循这一标准。因此，这个标准就更加不能丢掉系统性和逻辑性，否则我们将无法培养精英。"

数学精英教育，任重而道远。

---

① 易蓉蓉.基础数学教育改革在路上[N].科学时报,2008,1,21.

别样的课堂　智慧的收获

——与李秉彝先生电邮对话的学习体会及启示[①]

黄燕苹

　　李秉彝先生是新加坡南洋理工大学国立教育学院数学与数学教育系教授，1965 年毕业于英国女皇大学，获数学博士学位，是新加坡著名的数学家和数学教育家，专长实分析和序列空间理论。先生虽然一直是指导数学博士研究生，但却非常关心和致力于数学教育的研究，曾连任两届国际数学教育委员会（ICMI）副主席，东南亚数学会会长等职。先生非常关注中国数学教育的改革和发展，1991 年和 1994 年分别在北京和上海举行的两届 ICMI -中国地区数学教育会议，先生都是积极的倡导者和组织者。

　　与先生第一次相识是在 2008 年的深秋，在宁波参加中国—新加坡数学课程与课堂教学国际交流活动期间。一日早餐的余暇，先生用四个全等的直角三角形给大家出了一道几何拼图题。我当时就觉得非常纳闷：这么一位大数学家怎么就玩起了小学生的拼图游戏来了。在后来的两天时间里，从先生幽默、机智和充满智慧的数学故事中，我分明是看到了小学数学教育的另一片美丽的风景。

　　从那以后到现在，通过电子邮件对话的方式，我已经跟着先生学习了 10 个关于小学数学教师培训的课程（Lessons），内容分为几何与代数两个部分。在学习过程中不断地感受到了先生对数学教育独特的见解和闪光的思想。本文仅以第一课（Lesson 1）的学习为例，让大家一起分享我的学习体会和收获，并希望能对小学数学教师的培训有所启示。

---

① 黄燕苹.别样的课堂　智慧的收获——与李秉彝先生电邮对话的学习体会及启示[J].数学通报,2010,49(5)：27-29,34.

一、教学开始于兴趣

先生在发给我 Lesson 1 之前,先问了我一个问题:怎样表示圆的面积和球的体积与表面积。看到这个问题,觉得有些不可思议,圆的面积不就是 πr^2 吗,难道还有别的表达方式? 球的体积与表面积都可以用极限来计算,这还算是问题吗? 带着这些疑问我开始了与先生的电邮对话,先生给我的解答完全打破了我固有的思维定势。

由于 $\pi r^2 = \frac{1}{2}r \times (2\pi r) = \frac{1}{2}rp$,这里 r 是圆的半径,p 是圆的周长,也就是说圆的面积可以表示为二分之一半径与周长的乘积。这与求球的体积和表面积有什么关系呢? 先生让我先回忆卡瓦列利原理(Cavalier's Principle),在我国称为祖暅原理,即"两个等高的几何体,被任一水平平面所截,如果截得的面积总相等,那么这两个几何体的体积相等"。祖暅原理与计算球的体积和表面积究竟有什么关系?

实际上,球的任意一个水平截面圆的面积等于 $\pi(\sqrt{r^2-s^2})^2$,这里 r 是球的半径,s 是球心到截面的距离,由此变形可以得到:

$$\pi(\sqrt{r^2-s^2})^2 = \pi(r^2-s^2) = \pi r^2 - \pi s^2$$

上式右端可以看成是半径为 r 和 s 的两个圆面积之差,随着截面的移动 s 在变化。受此启发,将一个底面半径为 r,高为 $2r$ 的圆柱体上下各挖去一个以圆柱的底面为底,高为 r 的圆锥,那么余下的立体被水平平面所截图形的面积等于 $\pi r^2 - \pi s^2$,由祖暅原理可知余下的立体与球的体积相等,这样由圆柱的体积减去两个圆锥的体积就得到了球的体积公式。

另一方面,祖暅原理在平面上可以表现为:"等底等高的两个三角形面积相等"。由此可将正六边形的面积化为直角三角形的面积。具体操作是:将正六边形的六条边"拼"成一条直线作为直角三角形的一条直角边;由于正六边形的中心到每一条边的距离相等,用它作为直角三角形的另一条直角边。这样得到的直角三角形与正六边形的面积相等。也就是说,正六边形的面积等于中心到边上的距离乘以正六边形周长的二分之一,进一步可以得到正 n 边形的面积等

于正 n 边形的中心到边上的距离乘以正 n 边形周长的二分之一,用同样的思路就将圆的面积表示成了直角三角形的面积,其中两条直角边分别是圆的半径和圆的周长。

在这里先生给我作了一个非常形象的比喻:将一个橘子从中间切开,可以看到许多小的三角形,所有这些三角形的面积之和约等于二分之一圆的半径与周长的乘积。这样将球也看成是由许多形状相同的小圆锥构成,这些圆锥的底面铺满了整个球的表面,这些圆锥的顶点都在球心,高是球的半径,因而这些小圆锥的体积之和一方面等于球的体积,另一方面等于三分之一球的表面积与球的半径的乘积。由此也非常容易地得到了球的表面积公式。

与先生电邮对话学习的开始,先生就将我领进了一个全新的思维领域。这让我真正感受到了先生说过的一句话:"你走进教室的第一件事是要让学生感兴趣"。兴趣是最好的老师和兴奋剂,我完全被这种全新的教学内容和教学方式所吸引。

据研究显示,在新课程背景下,我国小学数学教师本体性知识的缺失现象日益显现。例如,学生提出问题教师难以解惑;按似是而非地理解加工教学内容等。这里,数学教师的本体性知识,既包括显性的可言传数学知识,也包括隐性的默会知识即数学能力、素养,是两者的统一体。而导致小学数学教师本体性知识缺失的原因除了学历教育数学课程内容的局限性和数学素养培养的局限性,还有一个非常重要的原因就是教师思维的"童化",即伴随教师重建儿童心智的努力而出现的本体性知识及其思维的退化[1]。因而在小学数学教师培训中,"怎样用教师们熟悉的语言来讲述他们未知的或退化的数学本体性知识,是极具挑战性的一个课题",这也是在教师培训中提高教师们主动学习和探索的重要方式。先生还讲到,在小学数学教师培训中,要让教师们"从熟悉的门进去,走进未知的领域"。先生给我的"新课引入"也正是基于这样的设计理念来提高学生兴趣的。

二、徐悲鸿画马的故事

Lesson 1 的内容是"三角形",先生设计了三个环节。第一个环节:①折纸:折两条垂线;两条平行线;一个 60°的角。②探索空间中的线与面:几点可以确定一个平面；怎样的几条线能够确定一个平面；两个平面之间的距离；两条直线之间的距离；两个平面的夹角；空间中任意两点之间的距离。③探索两个三角形全等的条件。第二个环节：④描述折等边三角形的过程，注意折叠过程中三角形性质的应用。⑤描述找出空间中两条异面直线之间距离的过程。第三个环节：⑥探索四边形全等的条件。

第一个环节分为三步：第一步，先生明确指定了用折纸的方法探索空间与图形中的一些基本概念和基本性质；第二步，探索空间中的线与面，但没有指定具体的探索方法，给学生留下了思维的空间。因为空间中的线与面，在生活中的直观"学具"是很多的，如纸盒、教室等等。第三步，在 AAA、SSS、ASA、SAS、AAS、SSA 中找出确定三角形的条件，并描述其过程。第二个环节，要求用 A4 纸或其他纸片折一个等边三角形，其目的是利用折纸进一步理解三角形的性质。第三个环节，先生提了许多引导性的问题。实际上也就是用了一组问题创设了一个探索四边形全等的空间。

先生在 Lesson 1 的最后写到："请提问，下一封电邮是走三角形。"我看到题目后的第一反应是，前两个环节都比较容易，但探索四边形全等有这个必要吗？带着这个疑问，我给先生提的问题是：为什么要安排这样三个环节？还用到了哪些"教具"？Lesson 1 的题目明明是三角形，为什么第三个环节要探索四边形呢？然后我一边解答 Lesson 1 的内容，一边期待着先生下一封电邮的到来，我根本就无法想象出怎样"走三角形"。

在解答 Lesson 1 的过程中，第一、二个环节应该说都比较轻松地得到了"结果"。直到解答第三个环节的问题时，才感觉到了对第一、二个环节的问题解答只是肤浅地停留在寻找到了所谓的"结果"为止，根本就没有真正掌握到问题的实质，例如在 AAA、SSS、ASA、SAS、AAS、SSA 中筛选确定三角形的条件完全凭借的是记忆，根本就没有去思考得到的过程。在探索四边形全等的条件时，唯一能借鉴的经验就是三角形，这样我不得不重新开始了对三角形的进一步探索。在探索过程中，重新经历了得到三角形性质和确定三角形条件的过程，这才感觉到真正地积累了探索四边形的经验。这时，我才终于明白先生讲到的一句话："探索四边形是为了更好地掌握三角形"。

在我国现行的义务教育数学课程标准中，小学阶段对三角形的要求是："认识三角形,通过观察、操作、了解三角形两边之和大于第三边,三角形三内角和为180°","认识等腰三角形、等边三角形、直角三角形、锐角三角形、钝角三角形"等[2]。也就是说,小学数学教师对三角形已经有了较多的了解,并积累了一定的教学经验。培训中,如果仅仅是简单的没有新意和高度的内容重复,对教师来说是毫无意义的。

先生为什么要用探索四边形来刺激学生回头去学习三角形呢? 先生给我讲了徐悲鸿画马的故事,简要地概括为:徐悲鸿画的马看起来能够腾飞,是因为有骨架的支撑。要放飞小学教师们的思维也必须要让他们知道支撑这些内容的支架。我这才明白了,我刚开始解答 Lesson 1 的第一、二个环节问题的时候,只是得到了"结果",但思路是混乱的,根本就无从考察得到所有结果的原因,但在探索四边形的过程中再回过头去探索三角形,情况就完全不一样了,仿佛自己已经站到了一定的高度,看到了支撑这些"结果"背后的支架。

我国比较传统的中小学数学教师在职培训,主要采用自上而下的培训方式。培训的内容包括:教育教学理论,心理学知识,数学知识,数学教学设计等,在新课程改革的背景下,还包括课程标准解读和教材解读,具体的教学方法是以教师的讲授为主。培训目标是使中小学教师们通过培训,进一步更新教学观念,更好地理解教学过程,提高教育教学的能力。但是如何实现培训目标,则始终是教师培训过程中所面临的一个难题。正如一位培训教师所讲的:尽管我们着力从教学内容、教学方法的角度去改善在职培训,但是作为被培训的中小学教师却总是抱怨我们培训的内容与他们从事中小学教育实际脱离,与他们实际工作相脱离,经过培训后他们的收益不大[3]。实际上,在我国许多有关中小学数学教师培训的文章中都称参加培训的中小学教师为"受训者",这足以看出在培训过程中,参加培训的教师们是处在一种被动的受训地位,培训并没有充分地调动起教师们的思维积极性和行动参与性。

现代教学论提出,教学过程是师生交往、积极互动、共同发展的过程。教师的教与学生的学构成了一种相互依存、不可分割的知识授受关系。如果教师的教不能发挥传递知识并指导和帮助学生学习的作用,或者学生的学缺乏主动性以及其他必要的学习准备,教与学就难以取得预期的效果[4]。教与学实质上是一种交往中的统一,教师在教学中要积极诱导学生主动学习,提倡和注重学生的体验、探索、参与、合作、讨论等多种学习方式。有着特殊学习对象的小学数学教师培训，无疑更应该遵循这一规律。

先生在 Lesson 1 中所设计的三个环节正是对这一教学理念的精彩解读。让"教师们从熟悉的门进去，通过对未知的探索，激发教师们对已知的重新理解"。实际上，教师们所需要培训的正是他们还未意识到的"已知"中的"未知"。先生设计"通过探索四边形来理解三角形"非常巧妙地放飞了教师们探索的思维。

三、走三角形

如果说徐悲鸿画马的故事和对 Lesson 1 的解答，让我知道了 Lesson 1 的内容设计理念和原则。那么在对小学数学教师的培训中应该怎样实施呢？先生给我讲了走三角形的故事："我从包里拿出三样东西丢在地板上，分别叫做 A、B、C（按逆时针方向）。我站在 A 面朝 B，然后将手抬起指向 B，同时也开始走向 B，然后从 B 走到 C，再从 C 走到 A。在我达到 A 的时候，我转向面朝 A 的位置（也即我开始走时的位置）……在这一过程中，我转了多少度？"

在这个故事中，先生用肢体语言非常直观严谨地证明了三角形的外角和为360°。在我还沉浸在无比的惊奇和欣喜之中的时候，先生却告诉我，走三角形的目的并不是为了证明这三角形的外角和为360°。小学数学教师已有的本体性知识和教学经验，一般都是用符号语言和图形语言进行储存的，设计"走三角形"的环节，主要是为了开阔教师们的视野，激发起他们对探究三角形性质的兴趣和对教学设计的兴趣。实际上，在看了先生走三角形的故事以后，每一次解答 Lessons 的问题，我都要思考怎样进行教学设计。

目前在我国中小学数学教师培训中，比较流行一种自下而上的培训方式，也就是案例教学、案例分析和课堂观摩。具体有两种形式：一种是集中讲授，讲授内容是以案例教学或案例分析为主；另一种是组织教师们进行课堂观摩和研讨。其目标都是通过案例教学、案例分析或课堂观摩，引导教师们从别人的经验中学习和反思。这种培训方式虽然比较受教师们的欢迎，但教师们仍然是处于"受训者"的地位，培训让教师们仅仅是停留在对案例的欣赏和批判的经验之上。培训中，怎样让教师们超越具体的教学案例或教学情境去进行知识的主动重建，这才是培训的主要目标和方向。

先生"走三角形"的故事后来进一步扩展到了走凸四边形、凸多边形、凹四边形、凹多边形的情形。从先生的故事中我所收获的不仅是知识还有智慧。

参考文献：

［1］曹培英.新课程背景下小学数学教师本体性知识的缺失及其对策研究［J］.课程·教材·教法,2006(6).

［2］中华人民共和国教育部制订.全日制义务教育数学课程标准(实验稿)［M］.北京：北京师范大学出版社,2001：7,24.

［3］谢明初.数学教师培训中的"案例教学"及教学设计［J］.广东教育学院学报,2005,25(5).

［4］李秉德.教学论［M］.北京：人民教育出版社,2003：109.

第五章

挚友之谊

　　可以这样认为，李秉彝先生的朋友遍天下，这与李秉彝先生坦诚待人的性格不无关系。他热情、真诚、幽默、宽容，这样性格的人很容易受到大家的欢迎。笔者曾用"播种阳光的人"来形容这位普遍受人尊敬的学者。他每到一地往往带动一大批合作者，他到北京师大，就和严士健先生等学者结为好友，他到华东师大认识张奠宙先生之后，更是在张先生的"牵线搭桥"下，结识了一大批数学及数学教育学者并成为挚友，据笔者了解，丁传松、唐瑞芬、宋乃庆、范良火等教授都在其中。此外，涂荣豹教授也和李先生有很深的交情。限于笔者的接触及了解，只能邀请部分国内学者在本书中谈与李先生的友谊，选择时可能有很多疏漏，在这里向被疏漏的朋友表示歉意！

　　本章邀请的几位学者长期与李先生有交往，可谓友谊深厚，通过这些学者与李先生的交往情感的流露，相信给我们所有的数学及数学教育工作者以很深的启发，这也是本章编著的重要原因之一。当然，本章最重要的目的是，想通过国内这些优秀数学及数学教育工作者的挚言，来折射出李先生的为人处事，看他是"如何播种阳光的"。相信读者能够有更多的感悟！

海内存知己, 天涯若比邻

——庆贺李秉彝先生八十华诞

华东师范大学 张奠宙

2018 年, 李秉彝先生 80 岁了。我的许多中国同事, 都觉得应该送上庆贺的礼物。于是, 我鼓动温州大学的方均斌教授编一本祝寿的文集, 并吁请华东师范大学出版社的倪明分社长给予支持。事实上, 他们早有此打算, 因而很快投入了实际工作。现在书已印行, 心想事成。

秉彝先生是中国数学教育界的知己朋友。所谓知己, 就是知根知底, 知冷知热, 不用开口就知道你需要什么, 而且无私地倾力相助。知己朋友不太多。秉彝先生远在新加坡, 却像隔壁办公室的同事"老李", 亲密无间。因此, 我将本文的标题拟为"海内存知己, 天涯若比邻"。

中国的数学教育, 在 20 世纪 50 年代之初曾有过一段学习苏联的经历。此后就封闭起来, 自我发展。改革开放之初, 希望了解世界上数学教育的状况, 让中国数学教育走向世界。但是人生地不熟, 不得其门而入。这时, 李秉彝出现了。他积极主动地推动中国数学教育走向世界, 以他作为国际数学教育委员会(ICMI)执行委员和副主席的身份, 为中国数学教育设计了一个走向世界的"三级跳"步骤。

第一级跳, 是"走出国门, 看看外面的世界"。1988 年, 第六届国际数学教育大会在匈牙利的布达佩斯召开。我很想去参加, 但是那时中国经济尚未起飞, 教育经费很少, 无力前往。然而, 我忽然接到 ICMI 秘书长豪森寄来的一张 1 000 美元的支票, 叫我选一位北京师范大学的同行前往参加大会。于是, 我第一次走出国门, 和丁尔陞先生一起参加了布达佩斯大会。

第二级跳, 是让中国举办国际数学教育会议。1991 年在北京举办 ICMI - 中国地区性数学教育会议,仅隔三年,1994 年又在上海举办第二次 ICMI－中国地区性数学教育会议。许多名人到会,建立了中国数学教育界与国际的联系。

第三级跳,则是将我推荐到 ICMI 执委会,使得中国人第一次进入国际数学教育组织的领导机构。这样一来,我也有机会推荐中国数学教育界的学者参与国际活动。通过各种努力,中国数学教育逐渐走向世界,形成了潮流。

在这三级跳的基础上,随着国家经济起飞,中国数学教育家更加广泛地介入国际事务,以至获得 2020 年第 14 届国际数学教育大会的主办权。饮水思源,我们不能忘记秉彝先生当年的帮助。

秉彝先生成为我们的知己朋友,缘于我们有共同的理想与信念。这里我想谈谈几件细小的轶事。

首先,我觉得秉彝先生对中国的改革开放具有很深的期待。1983 年我们初次相识。因为他听得懂上海话,我陪他到上海市中心的某剧场看了一场滑稽戏。剧终已经晚上十点多。走出剧场,灰黄的灯光下,看不到招手即停的出租车。必须走上一段路,到国际饭店门口打电话,报上用车卡号,方能约到车(我们用的是我系二级教授程其襄的卡)。服务业如此落后,我当然有些抱怨。李先生说,新加坡以前也是这样,1965 年独立以后,力行改革,将近 20 年过去了,情况有了很大改变。20 年可以做很多事情,中国 20 年之后一定大不一样。过了 20 年,在 2002 年,我们一起在重庆组织北京国际数学家大会的卫星会议。那时我们在宾馆推窗望去,重庆山城的万家灯火,出租车川流不息,已非像当年上海的灰黄夜晚了。值得提出的是,1989 年之后,许多国际组织纷纷远离中国,但是 ICMI 却在 1991 年和 1994 年连续在北京、上海举行地区性会议,那是一个很特别的例外。秉彝先生是那时的 ICMI 副主

1986 年,与秉彝先生在新加坡南洋大学合影

席。不知要花多少精力，才能说服执行委员们作出如此的决定。我想只有对中国改革开放政策寄予厚望，才能做到这一点。

第二件轶事有关建构主义。在上世纪末和本世纪初，建构主义风靡世界，被认为是"学习理论的新纪元"。一些国家和地区据此进行改革，认为知识不能传授，必须让学生自己发现。几年下来，学生的学力大幅下挫，以致痛呼："都是建构主义惹的祸。"我和秉彝先生在吸收新潮理论时，都有一个信念：需要与本国的实践相结合，不能照搬。中国的数学教育界，虽然有一些关于建构主义的论述，但是并未取得优势地位。尤其是教学第一线的老师，没有跟风起哄。新加坡也秉承自己的教学理念，没有将建构主义奉为圭臬。秉彝先生为此还告诉我两个寓言式的事例，用来说明文明虽好，必须和具体情况相结合。一是水泥路代替石子路，结果是排水不畅，水淹村庄；另一个是用电灯代替油灯，以致原来被油烟熏走的昆虫聚集在茅草屋顶上，茅屋轰然倒塌。

东西方的数学教育需要一个长时间的磨合，这是我们的共同信念。

最后一个故事，涉及对中华文化的共同爱好。那是在 1998 年，我们在越南河内出席一个数学教育的国际会议。一个空隙时间，我们到街上的古董店闲逛。秉彝先生看见一把茶壶，爱不释手，就买了回来。我看那把茶壶上，有贾岛的诗句："松下问童子，言师采药去。只在此山中，云深不知处。"当时我忽然觉得这和一种数学意境相关：纯粹存在性的数学定理。特征是，只知其肯定存在，却不知其具体下落。例如，N 次代数方程必有 N 个复根，但不知如何求出；微积分中值定理中的"中值"，知其存在，并不知在哪里；小学数学里有抽屉原理，例如 5 个苹果放入 4 个抽屉里，必存在一个抽屉里多于一个苹果，至于是哪一个抽屉，究竟是几个苹果，我们不知道。"只在此山中，云深不知处"乃是数学意境的绝妙描述。我和李先生的共同文化爱好，无意中促成了一次中外文化的交流。在此之后，我开展了中华文化和西方数学在意境上沟通的系列研究。

秉彝先生虽然八十岁了，但是健康颇佳。不像我这般耳聋眼花，心房颤动，腰椎病变，超重增肥，轮椅代步，一副老态龙钟的样子。老天给我剩下的时间不多了。我想，秉彝先生跨九十，越一百，大概不是问题，他在今后一定会继续为新加坡和中国的数学教育交流作出新的贡献。

秉诚待人，彝尊数坛

西北师范大学　丁传松

　　时间过得真快，秉彝先生第一次来甘肃讲学迄今已经有 30 多个年头了！他多次来甘肃，足迹历遍各专区，为甘肃数学学术研究与数学教育研究付出了自己最宝贵的年华。甘肃多地数学界朋友与同仁在教学与学术上受到了他的启发，一些学子经过他多年的悉心指导，走上了数学研究的道路，做出了成绩。由此所构建的学术交往和个人友谊联系，将会长年流长，世代相传。

　　邀请秉彝先生来甘肃访问讲学，在今天看来是很平常之事，而回想起当年的情形，却不是这么简单能成全的事情，还得有信念与精神作为支撑。

　　当时，中国恢复高考后不久，教育出现了希望与生机。我如迷梦初醒，想好好干一番，脑子里却一片空白，于是求教于母校的导师程其襄先生和我的同学张奠宙，不久，他们给我大力保荐了新加坡李秉彝教授。

　　素昧平生，贸然邀请他来兰州讲学、助阵，心中忐忑，担心碰壁，毕竟甘肃与新加坡在自然环境、生活条件等方面有太大区别。当年兰州常被雾霾笼罩，沙尘不断，黄河两岸无植被，隆冬腊月冰上行，气候干冷，生活艰苦，住简陋公寓房，吃大锅排挡饭，冬天外出需要披军棉大衣和戴护耳帽，这对于来自赤道的远方客人，能经受得起吗？但出乎意外的是：他在回信中居然欣然接受邀请，最艰苦的条件也不以为然，而且，后来我还知道，他的父亲李思寅先生是一位有远见卓识的爱国华侨，更是特别支持这项活动，再三叮嘱要全力帮助我们打开局面，以后秉彝的夫人也愿意为伴相随，共度贫寒。看来我多虑了。他跨海越岭毫无利己动机，心甘情愿来到我国西部经济极欠发达、科教后进地区，贡献出青春年华和聪明才智！自然也是中国传统的信念、助人为乐精神的体现。

　　有了这样的精神，下面的一切事情自然是顺理成章了。我们从未谋面的陌生人从此就进入交谈与交流之中,海阔天空谈到我们的共同兴趣与需求,规划未来。那时他正在新西兰讲学,其间,他专心致志为兰州授课编写了讲稿(这就是后来在新加坡世界科学出版社出版的专著《Henstock 积分的兰州讲义》最早的初稿)和搜集相关的文献资料,还有他每天在咖啡早餐时所例行记下的思考随笔,都陆续一并寄来,在近一年半时间中,我先睹为快,将它翻译成中文,等候与他在兰州约会。

由于准备充分,他在兰州讲学非常成功,生动精彩,能与听众广泛亲切互动,及时进行交流与答疑,打破了历来沉闷的学术气氛,多么好的良师益友! 外地(包括外省)听讲的师生纷纷邀请他去当地访问与讲学,这成为此后他多年应接不暇、盛情难却而常来中国的缘故。

李秉彝教授真是一位名副其实"秉诚待人,彝尊数坛"的数学家、数学教育家。我一直有一个愿望:希望能有一位作者来阐写他的传奇般的事迹,供后世传承。人才难得,今天在秉彝先生八十大寿之时,看到了温州大学方均斌同志花了近十年时间,多次奔波大江南北,不辞辛劳访问调查,多易其稿,完成这一本大作。实在是值得庆贺之事,谨表感谢。此时,祝愿秉彝先生双喜临门,健康快乐!

架设桥梁的奠基者

华东师范大学　唐瑞芬

接到温州大学方均斌老师让我为他所主编的《李秉彝与中国数学教育》写"挚友之谊"的邀请邮件时，已经退休多年的我，脑海中一幕幕、一片片地涌现出近三十年来多次与李秉彝先生会面时的情形，在中国某个城市大学校园、在世界某个地点会议中心、在新加坡他的办公室以及他家的大客厅……李秉彝先生对于我以及我的学生、我的同事和中国数学教育界的各位老师来说不能用简单的学者、导师或者国际友人来形容，他已经是我们中国数学教育界的一员，和我们一起一直在为中国数学教育事业工作。

记不得和李先生有过多少次会面、多少次交流。初次结识，印象里李先生一见面就是那种自来熟的人，他很健谈，他会对你所提出的任何问题、或者话题发表自己的意见，他往往不是用纯粹学术的语言来回答对方、和大家交流，他会引入世界各地的文化、习俗来诠释一些学术问题，这和我们刚刚踏入国际舞台的老师们形成很大的反差。随着多年的交流和接触，大家在不知不觉中也开始适应了外面的世界，这与李先生的个人感染力有深深的关系。确切地说，是李秉彝先生在中国的数学教育研究与国际数学教育研究之间架设了桥梁，他介绍我们参加各种国际会议，帮助中国举办了多次区域性国际会议，从而让我们认识了更多的国际友人，终于促使中国的数学教育跳出了多年来"闭关自守"的处境，扩大了我们的视野。我们逐渐地参与并融进国际数学教育圈，并与世界各地许多德高望重、顶尖的专家交流，在课题与项目上进行合作，李先生无疑是其中交流最多的、最深入的一位。

其实，很多老师和学生在参加国际会议以及出国留学、访问时都得到过他的支持。他乐于帮助愿意在数学教育上提高自己的每一位老师和学生，只要他能帮到的,他都会主动联系、主动想办法以帮助这些老师、学生实现自己的目标。在培养且促使发展与提高中国的数学教育研究队伍的工作中,李秉彝先生显然是功不可没的!

如果说很多国际友人、学者专家在学术交流上的帮助不可磨灭,那么李先生在中国数学教育刚刚踏入国际舞台的时候尤有其特别的贡献。印象中李先生曾经风趣地提到过以前在国际会议上为中外专家做翻译,他说其实双方都是能用英语对话的,但是常常还是需要把他叫来做翻译,为什么呢?因为思维方式的不同,他把外国人的英文用中国人的思维翻译给中国人听,反之,用外国人的思维解释给外国人听,看着都是英语,但是就是这样让双方都相互理解了。每次国际会议上,李先生都异常忙碌穿梭在中外学者之间,因为他就是中国学者们初入国际学术圈的一个媒介、一个助推力,除了在学术上的贡献,李先生在语言、思维上的示范,以及细节上的推动,对中外学者间的交流更有不可磨灭的无私贡献。

从本书中我们可以了解到更多李秉彝先生对中国数学教育所做的很多工作的详情,我很希望目前工作在数学教育岗位上的各位老师和同学好好了解,多多努力,来回馈如李秉彝先生这样的海外友好人士,让我们的数学教育事业蓬勃发展,紧跟时代的潮流。

感谢方均斌老师给我这个机会来回忆曾经为之努力的中国数学教育事业,也让我再一次回想起和老朋友交流会面的点点滴滴。岁月流逝,事业常青,衷心祝愿中国的数学教育永远屹立在世界数学教育之林中,继承前辈的辛勤积累,创造出与时俱进的新气象!

李秉彝先生访问西南大学回忆

西南大学　宋乃庆

2000 年,我征得时任中国数学会理事长马志明院士、曾任秘书长李文林研究员的同意和支持后,决定由我校主办第 24 届国际数学家大会(International Congress of Mathematicians,简称 ICM2002)卫星会议:21 世纪数学课程和教育改革国际会议。我立即邀请了中国数学教育的领军人物华东师范大学张奠宙先生担任程序委员会主席,同时请他推荐一位国际知名的数学教育专家作共同主席。他不加思索地推荐了时任国际数学教育委员会副主席新加坡南洋理工大学的李秉彝先生,这使得我后来有幸结交李秉彝先生。我曾两次邀请李秉彝先生来我校访问,而后又在温州大学参会时与先生重逢。尽管与先生接触不多,但先生的睿智、幽默、广阔视野,对中国数学教育特别关爱给我留下了深刻的印象。

通过和多名国内外数学教育研究者的沟通交流,特别是与先生的近距离接触,使我了解到李秉彝先生是新加坡南洋理工大学国际知名的华人数学家和数学教育家。他以数学家的身份转身研究数学教育,有深厚的数学基础,对数学教育亦有突出的贡献。先生曾担任国际数学教育委员会副主席,提出"上通数学,下达课堂"的数学教育重要主张,既强调数学学科专业内容,也强调数学教育理论与实践的联系,影响深远。他热爱数学教育,并将自己的大部分精力奉献给了自己热爱的事业。

李秉彝先生关心和支持中国数学教育的发展。在他的积极帮助下,中国的数学教育得以与国际数学教育接轨。先生对中国西部地区数学教育的发展也给予了特别的支持,曾两次到访西南师范大学(现为西南大学),参观了我校校园并开展了讲座、座谈、研讨等一系列的学术活动。鉴于先生高尚的人品和卓越的学术成就,我校聘任了先生作客座教授,我当时作为西南师范大学副校长还为先生颁发了聘书。

2002年8月17日—20日，在李秉彝先生的积极支持下，第24届国际数学家大会卫星会议：21世纪数学课程和教育改革国际会议在重庆的西南师范大学（现为西南大学）成功召开。李秉彝先生和张奠宙先生担任联合主席，我任秘书长。我特别邀请了时任教育部副部长袁贵仁参加会议并致开幕词，时任重庆市副市长陈际瓦到会出席并致辞。时任西南师范大学校长邱玉辉教授、原副校长徐仲林教授专门会见了张奠宙、李秉彝教授及程序委员会的其他成员。此次会议吸引了来自美国、英国、法国、俄罗斯、澳大利亚、新加坡、韩国、日本和中国等14个国家和地区的230余名数学教育专家、学者参会，其中多位是各自所在国家制定数学课程标准的负责人，如蒙迪（J. F. Mundy，美国），或是数学教育研究会的理事长，如泽田利夫（日本），或是国际数学教育委员会的执行委员，如沙雷金（I. Sharygin，俄罗斯）。会议共收到学术论文140篇，有近100篇论文在会议上以大会报告或是小组报告的形式交流。主题涉及数学教育的多个重要方面，如国家数学课程的发展、数学教育研究中的重要成就、当前数学课程改革、数学教师教育、数学比较教育研究等。这次会议的举办对于促进西部数学教育、中国数学教育的国际化起到了积极的推动作用。会议期间，李秉彝先生主持并参与了大会报告，作了题为"新加坡数学课程的发展"的大会报告，引起了与会者的热烈讨论。李秉彝先生无论是英文还是中文都非常流利，人际交往广泛，会议期间与来自多国的数学教育专家及国内的数学教育专家学者积极交流、讨论，他对中国的数学教育研究给予了特别关爱。会后李秉彝先生、张奠宙先生和我共同主编出版了大会论文集。

2003年，我专门邀请李秉彝先生访问西南师范大学，开展了一系列的学术活动，包括主题报告、数学教育方向师生座谈、数学教育博士生与硕士生论文指导等。期间，我作为西南师范大学校长主持了李秉彝先生题为"新加坡数学教育发展"的报告，受到师生的一致欢迎，增进了大家对新加坡数学教育的了解；同时李秉彝先生与我校数学教育专业师生围绕数学教育研究的重点、热点问题进行了热烈的讨论。李秉彝先生还在我、我校时任数学与财经学院院长陈贵云教授、原数学系与财经系主任张广祥教授等的陪同下参观、游览了西南师范大学。此外，我校数学教育专业黄燕苹老师对李秉彝先生就"数学折纸"进行了专访，在此基础上合作发表了相关论文和著作。在了解了我校数学教育研究的历史、数学教育研究工作、数学教育硕博的培养状况后,李秉彝先生给予了充分的肯定和鼓励,认为我校数学教育有王秀泉(1915—1997)教授、陈重穆(1926—1998)教授、宋乃庆教授为代表的三代人不懈努力打下的坚实基础,有中小学数学教材编写与实验的丰硕成果,又有大学数学教学改革的成功经验,建议我校数学教育研究者走出国门,加强国际交流与合作。

十多年前由于忙于行政,关于李秉彝先生来校开展活动的记忆有些许模糊,当时条件也不如现在方便,因先后三次更换办公室,有些报道、实物、资料不幸遗失,但幸而有数张重要照片得以留存。2013 年,我应邀参加"未来十年中国数学教育展望学术研讨会",再次有幸与李秉彝先生相逢于温州大学。大会报告后,我们相互交流了彼此近期的数学教育研究成果,先生依然精神矍铄、神采奕奕,言谈举止温文尔雅、风趣、乐观,是一位可亲、可敬、可爱的学者。感谢李秉彝先生对中国数学教育发展的支持,对西南大学数学教育发展的支持! 在先生八十华诞之际,祝愿先生身体康泰、笑口常开、福如东海、寿比南山!

李秉彝先生与我校师生在西南师范大学校门前合影

(左 3:张广祥,左 4:宋乃庆,左 5:李秉彝,右 3:孙卫红,右 4:刘静,其余为数学教育博士、硕士研究生)

时任西南师范大学校长与 ICM2002 大会程序委员会主席、部分委员合影

（左起：宋乃庆，中国；崔（Y. Choe），韩国；拉博德（C. Laborde），法国；张奠宙，中国；邱玉辉，中国；李秉彝，新加坡；哈尔梅尔（K. Gravemeijer），荷兰；泽田利夫，日本）

和李秉彝先生交往二三事

南京师范大学　涂荣豹

我和李秉彝先生相识于 21 世纪初，可谓"一见钟情"，相见恨晚，从此交往频繁，感情甚笃。

李先生见多识广，讲话生动有趣，他常常用一些司空见惯的具体例子讲述一个问题。譬如，我与他探讨怎样理解"熟能生巧"这个流传百世的经典名言时，他说，米开朗琪罗起初是个名不见经传的雕刻工匠，但他精心雕刻了成千上万的雕塑，最后成了世界闻名举世无双的雕刻大师。中国也不乏这样的例子，譬如张大千，他千万次地潜心临摹清朝大画家石涛的作品，临摹敦煌石窟的传世壁画，最终成为名贯中西享誉世界的绘画大师。他们都是在"精心"、"潜心"地达到"熟"的过程中，领悟先辈们思想之精髓和技术之要义，从而"熟中生巧"，并创造和发展出自己的独门绝活。李先生这种生动的比喻，虽然没有给出"熟能生巧"定义式的解释，却深入浅出地阐释了其深邃的含义，使人豁然开朗、了然于心，比通常纠缠于字面意义的解释，更易于我们理解"熟能生巧"的真正含义。

李先生待人真诚，做事认真。我曾经向李先生请教"不愤不启，不悱不发"的英文翻译，数天里我们书信来往，他不厌其烦地给出多种不同的译意。最后的翻译是"do not intervene before students have made an effort to understand, do not intervene before students have made an effort to express themselves"。还说，"你可以再改"，足以见识一个数学家的严谨和谦虚。

记得 2005 年李先生率一个新加坡的数学教育考察团来南京，前后 5 天时间，走访了近十所中小学，其中有城市的名校和普通学校，县城和乡村的各类学校，有高中、初中、小学，听了几十节中小学数学课。他对中国的中小学数学教学非常感兴趣，与中小学老师和学生亲切交流，充满了友好之情，是那么的平易近人。李先生特别指出了中国数学课堂给他留下的深刻印象,他觉得"中国学生的数学表达能力非常强",一个班级五六十人,学生站在座位上远远地就能回答教师的数学问题,阐述解题过程,表达自己的数学想法,这是难能可贵的,也是其他许多国家学生所不能达到的。

李先生热情好客。我曾经去新加坡多次,每次去,李先生都非常热情,甚至亲自驾车陪我走访各个学校,参观植物园和历史陈列馆,不厌其烦地介绍新加坡历史和民俗。到李先生家做客更是常有的事,李先生和李师母从不把我当外人,总是与他一大家人一块儿吃饭,像一家人似的其乐融融。偶尔我还会留宿在李先生家,李先生把带洗手间的主卧让给我们用,足见李先生和李师母的豪爽为人。

李先生对中国的数学教育作出了杰出贡献,这在本书的其他文中可见一斑,我不再赘述。这里我要向李先生感谢的是,他对南京师范大学数学教育研究专业的发展给予的帮助和作出的贡献,不仅多次来我校开会讲学,为我校研究生开设讨论班,还介绍我的学生金海月前往新加坡南洋理工大学攻读数学教育博士学位。现在她已经学成回校,助力我校数学教育专业的工作。

我为有李先生这样的国际挚友而倍感自豪。

我与李秉彝教授交往散记[①]

——为贺李先生八十岁生日而作

英国南安普敦大学　范良火

一

我最早有幸认识李秉彝先生应该是在 1987 年，屈指算来已经超过三十年了。当时李先生五十岁左右，仍在新加坡国立大学数学系任教，并刚出任国际数学教育委员会副主席不久，而我在华东师大数学系读数学教育和数学史专业的研究生，才二十多岁。记得好像是李先生访问兰州西北师大，途经上海停留，导师张奠宙先生和他相熟，叫我帮助接待。由于时间久远，不太记得细节，但印象很深的是李先生约我一起去登刚刚落成尚未使用的华东师大文科大楼顶层观景，当时上海高楼不多，该大楼有十七八层，是附近很大一个地区的最高楼，没有之一。李先生爬起楼来和平时走路一样步伐轻快，谈笑风生，只是记得当时他头发好像已经白了。

这一印象一直保留在我脑海中，以致后来我到新加坡工作和李先生成为同事很多年后，有一次聊起岁月催不催人老，我说我认识李先生已有二十年左右了，李先生一点都没有变老，看上去和以前一样年轻，但再想一想，也可说李先生很早就和现在一样老了，结果我们两人和其他同事们都哈哈大笑。去年隐约听朋友说，李先生走路好像比以前慢一点了，真希望是听错了。

认识李先生既是一种幸运也是一种缘分，因为很多人见过也就见过，不容易保持联系，但从第一次与李先生见面以后我们一直保持着联系，当时主要还是通

---

① 2018 年元旦写于英国南安普敦。作者时任南安普敦大学教授，现任华东师范大学教授。

过传统的邮件。我于 1989 年在华东师大硕士毕业后,到杭州的浙江教育学院任教。没有想到,两年后李先生为我联系了新加坡李氏基金会的资助,并由他本人出面邀请我于 1992 年赴新加坡国立大学访问一个月,其间又为我安排到南洋理工大学国立教育学院数学系访问两个星期,参加不少活动。这也是我第一次走出国门,并由此认识了李先生善良、温馨的一家,和新加坡的一些朋友也逐步建立起深厚的友谊。

二

1993 年我赴美国芝加哥大学读博士学位,李先生帮助甚多。当时他跟我介绍说乔治亚大学和芝加哥大学都是美国重要的数学教育研究中心,并提到乔治亚大学的吉尔帕特里克(J. Kilpatrick)教授(和他同时任国际数学教育委员会副主席)和芝加哥大学的尤西斯金教授。受李先生的指点,又因为很忙,我当时就决定只向这两位教授申请了这两家大学,最后主要由于资助的关系,决定去芝加哥大学。和我的导师张奠宙先生一样,李先生当然也是我申请的推荐人。

博士毕业找工作对很多人来说是一件大事,我由于李先生的关系则少费了不少周折。1996 年底,我博士论文题目有了眉目,由于对新加坡有实际了解,又认识李先生和其他几位新加坡感情很好的朋友和同行,所以自然把新加坡列作首选地之一,以增加一些国外的工作经验。当我和李先生联系时说起我要考虑毕业后的工作问题了,问到新加坡是否有适合的空缺。想不到他在两年前已被聘请到南洋理工大学国立教育学院担任数学系主任,他立即回复说数学系有适合的空缺,并寄给我一套申请表格。我提交后不久,国立教育学院就来信说安排我到受其委托的新加坡经济发展局驻芝加哥办事处进行面谈,大约在 1997 年初即收到了国立教育学院的任职合同。

不过由于我的博士论文研究工作量超过预期,我没有在 1997 年中到任,李先生主持的数学系同意保留我的空缺一年,于 1998 年 7 月在完成博士论文答辩后赴任。到新加坡工作数年后,记得新加坡教育部的一位主要官员问我当初为什么会决定到新加坡工作,我回答说这主要是认识李先生的关系。事实确是如此,近几年不时听到国内有"贵人"之说,在这件事上,那李先生就是直接帮助我的"贵人"了。

我和家人于 1998 年 7 月 5 日凌晨一点左右抵达新加坡樟宜国际机场，由于新加坡寄到美国的全家签证原件邮寄途中丢失（机票倒是寄到了），起飞前只能带了临时请新加坡国立教育学院传真到芝加哥的签证复印件，因此在出新加坡海关时海关官员听了我的解释和看了有关任职材料后，不知如何是好，只好建议说如果有新加坡本地人来证明所言不虚就好了。这时正好看到李先生一个人在出境大厅玻璃门外面向我们招手，一下子就解决了所有问题。等他驾车送我们到国立教育学院当时校址武吉知马附近的诺富特（Novotel）宾馆安排好住宿，再回家已是凌晨两点多了。当天是星期天，到早上八九点钟李先生又驾车和他父亲一起到宾馆来看望，共进早餐。事实上，就像从这件小事可以看出的，李先生不仅待人至诚周到，而且精力充沛，对工作、生活都充满热情，感染力强。值得一提的是，李先生对父亲至孝，反映了中华民族传统的孝道。

三

我从 1998 年起至 2010 年在新加坡工作了十二年多，期间李先生不仅是我个人生活中最尊重和最亲密的长一辈的朋友，在工作上也是我最重要、合作最多的同事和同行。我刚到任的二三年，由于李先生是系主任，行政等工作繁忙，我觉得不便所以也尽量不找他谈工作以外的事情。2001 年后他卸任，当时新加坡星期六还要上半天的班，我们就几乎每星期六约好中午下班后开车去新加坡不同的地方喝茶、吃饭、聊天。因为新加坡就一个城市，地方不大，交通又方便，所以记得我有一次和他聊起说，要把新加坡所有的饭店都吃个遍，他笑说那不可能，理由是因为不断地有新的饭店在建成，当然这只是玩笑话。不过每次一起外出吃饭聊天，由于他是本地人，他总会耐心地向我介绍新加坡的历史文化和风土人情，使我增加了不少关于当地的知识。

在新工作期间，我时常有从国内和其他地方来的朋友、访问学者和交换学生等来访，他看到我太忙，总是主动替我接待、迎送，有时还陪同他们外出访问，毫无架子。所以有时我会和我的朋友、学生开玩笑说，给他们当导游和司机的可是大名鼎鼎的人物。

记得 2005 年前后，华东师大出版社倪明先生希望到新加坡访问探索数学教育图书版权输出到新加坡的可能性，我当时正在忙一个重要的项目，加上行政工作也不少,所以请李先生帮忙,他二话没说就代写了邀请信,并包办了联系新加坡有关出版社和接送的几乎所有工作。还记得有一年初,他要到华东师大访问,临行前特地到我的办公室敲门问我有什么事要他在上海帮忙,我当时担任系研究生工作委员会主席兼数学教育博士专业的负责人,所以赶紧从抽屉里拿出放了好几个星期的两份申请读博士研究生的材料,说能否帮助见一下这两位申请者,程序上算是代表官方的面谈,结果李先生在上海认真地面谈了这两位申请者,回来报告说很好,这直接迅速地促成了系里接受入学并提供全额奖学金的决定。很多时候,我也会口头请他担任我学生或访问学者的共同导师,他总是愉快答应,并给他们很多实质性的指导和帮助。总之,李先生对我个人无论是工作之内还是之外的事,可以说是有忙必帮、有求必应,令我十分感动。在我的印象中,虽然他在新加坡是一个名人学者,地位非常崇高,但对所有人也是同样慷慨,乐于助人,不求回报。

我从 1980 年代早期担任中学教师起,在很多不同的工作单位和几个不同的国家(中国、美国、新加坡和英国)工作过,经历也算不少,但毫无疑问,李先生是我一起同事、交往过的,谈话最风趣幽默、充满睿智、总是替对方着想的少有的人之一。由于我和他很熟,一般情况下交谈完全不需要严肃,常常忍不住就互相开点玩笑,有意无意间增加一点幽默,让交流充满了笑声,记得我于 2010 年离开新加坡赴英国任职,有同事在离别赠言中说,在系里开会我和李先生总是会为会议气氛加上一点笑意。确实,和李先生谈话,不论在什么场合,总是会使人觉得如沐春风、完全不用担心会感到难堪或说错话,这种风度和水平一般人并不容易企及,我想这也是李先生广受尊重、欢迎的原因之一吧。

四

我和李先生的本行都是学者,我们都以从事学术和研究为荣为乐。虽然李先生的主要研究工作在数学方面,但他对数学教育问题长期关心和参与,又有丰富的实际经验,所以我们长期以来合作很多,他对我的帮助也很大。

1992 年我到新加坡访问,和李先生合作完成了一篇关于美国大学微积分教育改革的文章,后发表在国内的《数学教育学报》上。2002 年我们合作了一篇关于新加坡数学课程改革和发展历史的文章,发表在重庆召开的一个国际数学课程改革会议及随后出版的论文集上，该文反复修改了很多次，以致我们两人相互发电邮时该文的文件名从 draft 到 pre-final，再到 final，又到 final final……有很多稿，最后都有点搞不清哪份是最后的定稿。

2004 年起，我在新加坡主持了两个重要的关于数学评定的研究项目，项目组成员众多，李先生都是首席顾问，并带头积极参与各项研究任务，提供了有力的帮助。李先生也是有关研究报告和成果的重要共同作者。

应该指出的是，我和几位同行（黄毅英、蔡金法和李士锜）主编的《华人如何学数学》，最初就是通过李先生，商定在由他和另两位著名学者主编的新加坡世界科技出版公司的数学教育系列丛书中，作为第一本出版。这本书和之后的《华人如何教数学》合作者多、工作量大，出版后在国际上也产生了较广泛的影响，甚至被誉为是关于华人数学教育研究的里程碑，李先生是这两本书的顾问之一，也是其中一章的共同作者，一直给以最坚定的支持，功不可没。2013 年我自己的《教师教学知识发展研究》一书在华东师大出版社出版第二版时，出版社希望请一些国内外的相关学者在封底写一点介绍性的短语，当时我已到英国工作，电邮请李先生帮助，他很快答应完成。而在 2003 年第一版出版时，他也给予了很多帮助。

我想我和李先生最重要的合作应该是在数学教材方面。李先生从上世纪 80 年代初期起一直单独担任新加坡最主要一套中学数学教材的主编，我于 1998 年 7 月加入国立教育学院工作后，他可能是因为知道我在美国有参与芝加哥大学 UCSMP（University of Chicago School Mathematics Project，即美国芝加哥大学学校数学设计）教材开发和编写的经验，于是立刻向出版社推荐我出任共同主编。当时在我完全不知情的情况下，他和出版社还商定给我高于他本人的作为主编的稿酬，按版税多出他本人一半，尽管这不是什么大事，但也可见他为人的正直和慷慨（当然从我的角度看来，我就有点坐享其成，觉得不妥，所以最后坚持一样多）。后来该出版社得知我也参与国立教育学院小学数学教育的培训和研究工作，也请我担任小学数学教材的顾问，而当时我们合作的那套中学数学教材在新加坡有多达 80% 左右的学校使用。2005 年起我们又牵头和系里十几位同事开发出版了一套全新的中学数学教材，经新加坡教育部批准在学校使用，并受到一些国际上的关注。这几年国际上的同行有时会问我为什么有机会担任好几个国家(新加坡、中国和英国)数学教学用书的主编(可以自豪地说,好像国际上也没有人比我有更多的了),我想除了和我个人研究的兴趣和机遇有关外,应该说在新加坡是完全得益于李先生的帮助。

最后,我想借此机会向李秉彝先生祝贺八十岁生日,祝李先生身体健康,我也相信李先生一定会继续为整个数学教育的发展和中新交流呵护、相伴,更希望能继续听到李先生爽朗的笑声,愿岁月有情,不催人老。

第六章

师生之情

2013 年 11 月，李秉彝先生在自己的生日 PARTY 上与学生合影

　　无论是数学家还是数学教育家，基本上都需要把自己的研究进行传承。也就是说，需要担任老师这样一个角色。在笔者眼里，李秉彝先生在如何和学生相处方面，堪称典范。2013 年笔者参加了李先生在新加坡的生日聚会（Party），来自中国以及东南亚其他国家的学生在交流的时候都提到：李先生常自己亲自开车到机场接送国外学生，也常把这些学生留在家里住宿（学生刚到新加坡，往往出现住宿安排困难的情况），经常自掏腰包把一群学生带到外面品尝新加坡的美食……这些学生一提及李先生，往往异常激动，如数家珍地把自己所得到的李先生的关怀娓娓道来。更难能可贵的是，很多学生名分上都不是他的"亲弟子"，但李先生依然像对自己孩子一样以不同的方式对这些学生予以无微不至的关怀！与前一章一样，邀请在中国属李先生学生辈的学者撰写对他的印象，也只是基于笔者自己认识的范畴，疏漏的肯定不少。邀请到的这些学者大部分不是李先生的"正宗学生"，从他们在本章的话语中大家肯定能够感受到李先生在善待学生方面所做的典范。李先生在对学生方面的关怀，对数学尤其是数学教育工作者来说，是很值得传承的。

认识世界，也要世界认识我们

澳大利亚迪肯大学　李　俊

我在华东师范大学数学系工作了二十余年，亲历了李秉彝先生助推华东师大数学教育走向世界的过程；因为留学新加坡，修过李先生的课，也领略过他的教学风采；近年来，在接待李先生带团赴东亚数学教育国际会议以及陪同新加坡代表团观摩上海中小学课堂的过程中，也深刻体会到李先生为他与张奠宙、唐瑞芬先生之间的友谊能够在两国年轻一代继续下去所做的不懈努力。下面，撷取发生在三个不同年代的故事与大家分享。

一、华东师大，开启世界之窗

1985 年之于华东师大数学教育学科是重要的一年。在这一年，数学系有了第一届数学教育硕士生，为了充实当时中学数学教材教法教研组的力量，系领导安排唐瑞芬先生从几何教研组调入中教组，张奠宙先生仍然在函数论教研组但同时参与数学教育的研究生教育工作。这一年也是《数学教学》杂志创刊三十周年，陈省身先生为杂志题词"廿一世纪数学大国"。同年，李秉彝先生来华东师大访问并与数学教育同仁座谈，刚刚留校工作的我也因此认识了李先生。记得那天的话题是新加坡的数学教育，它经历的课程改革与现状。课程改革是那个年代的热门话题，而且华东师大数学系资料室藏有系里老师们翻译的英国"新数学"时期的 SMP（School Mathematics Project，即学校数学设计）教材中文版，所以大家对李先生提到的新加坡课程改革历史及教训颇有共鸣，讨论非常热烈。

1994 年，华东师大数学系第一次亮相于国际数学教育界，承办 ICMI 中国数学教育区域性会议，到会境外学者一百多人，国内学者八十多人。这次会议能够成功举办离不开时任 ICMI 副主席李秉彝先生的大力助推,他先是成功说服 ICMI 执行委员会同意在上海召开此次会议,然后又成功邀请到众多学者赴会,与会者中有起草著名"科克罗夫特报告"的英国科克罗夫特(W. H. Cockcroft)爵士、美国数学教师协会主席拉本、时任 ICMI 秘书长尼斯、ICMI 前副主席尼贝雷斯、日本数学教育学会会长泽田利夫、韩国数学教育会会长朴汉植以及荷兰弗赖登塔尔数学教育研究所所长德朗治等国际数学教育界重量级人物①。

虽然我们之前在上海参加过"课程发展与社会进步国际研讨会",也自己主办过中、日、美数学教育研讨会,但是除了陈昌平、张奠宙和唐瑞芬三位先生,其他同事都从未出国参加过任何国际会议,加上当时网络、电子邮件尚未普及,可想而知,作为国际程序委员会主席的李秉彝先生和中方负责人的张奠宙先生肩上的担子有多重。当时采取的一个做法是,每个专题小组或工作小组都安排中外各一位组长,这样可以尽最大可能地从国内与国外两个渠道组织同行赴会。大会的工作语言是英语,所有大会报告均已在会前翻译成中文,现场采用同声翻译,但是小组活动只能自己解决语言问题。记得当时我们小组有一位国内代表,因为他以前学的是俄语,所以无法用英语介绍他的工作,他就请英语老师帮他录制了英语发言稿在会上播放录音,开场白与回答问题环节则由我帮他翻译。虽然这是极端情况,但是说明当时这个国际会议的确吸引了国内同行,他们希望通过亲身参与,学习其他国家的先进经验,把中国的经验与思考展现给世界。记得我与一个研究生一起也递交了一篇论文,通过一些例子说明教师教育课程除了覆盖数学内部的数学知识以外,还应帮助未来的教师了解"学生自己发现的数学"、"人们在现实生活中使用的数学"以及"各民族在历史上创造的数学"。文章的观点是可以的,但是当时我们使用"民族数学与数学教师教育"作为全文的标题,把儿童自己发现的数学也归入民族数学是完全不恰当的,这一点在会议期间与澳大利亚的毕肖普先生个别交流时他就指正了,会议之后他还特意给我寄来许多资料供我们阅读参考。所以,李先生说服 ICMI 执委"中国刚刚改革开放,应该多开几次会议"真的很有道理。

---

① 赵小平. 数学教育学科发展纪事[EB/OL]. http://wims. math. ecnu. edu. cn/wsysx/zhaoxp1. html.

二、新加坡，留学之旅

我喜欢数学教师职业，一直期盼能够有机会继续深造。1996 年，国内尚无数学教育博士点，张奠宙和唐瑞芬先生便鼓励并推荐我去新加坡南洋理工大学留学，1997 年，我辞去华东师大的工作（当时出国读学位必须辞职），开启了求学之旅。新加坡的教育采用英国体制，研究生教育以完成学位论文为主，一个导师带一个研究生，留学生不用当助教就可以按月拿奖学金，学习时间充裕，生活无忧。

在新加坡学习的这三年对我的事业影响非常大。我报到的第一天，系主任李秉彝先生就给我一堆书（主要是历届国际统计教育大会的论文集），说是去休假的导师留下让我读的。新来乍到，我很想听听李先生对我今后学习的建议，他说在哪个国家留学并不是最重要的，研究生学习是为以后独立开展研究做准备的，想学东西，想写论文，只有靠自己的勤奋，并借助学校提供的良好学习条件，"一流的学生能获得一流的教育，二流的学生就只能获得二流的教育"，这样的提醒打破了我依赖老师的心理：做自己研究的主人很重要。我把这些话记在了心上，也写进了与丈夫的两地家信中。我刻苦读书，第一年就完成了预研究，在我留学的第二年，第五届国际统计教育大会在新加坡南洋理工大学召开，我见到了这一领域众多的知名学者，并能就我预研究的一些结果当面聆听他们的见解，这对于一个刚刚进入这一学术领域的新人是多么好的机会。所以，我非常感谢李先生的"新生教育"以及所做的一切安排。

理工学院每周都安排一次研究生论坛，所有研究生轮流作报告，听众则是学院下不同系科的研究生以及对报告内容感兴趣的老师们。记得有一次是化学系的同学作报告，他曾代表香港参加过大学生辩论赛，中文表达绝对一流，英文表达也比我们强得多，可是报告后给老师们问了差不多半个小时，把我们都吓坏了。李先生很懂我们，每个人上论坛之前他都会组织我们来一次内部预演，教我们一些技巧，比如用简明的语言概述发言要点，演讲时将一支笔放在投影仪上，指向你正在陈述的要点，等等。报告人陈述完毕，他会提问，也要求我们提问，这样的预演不仅报告人受益良多，听众也必须认真听讲、积极思考，否则提不出问题。因为这是大事，所以每次正式报告之后，我们都会有幸获得李先生带我们去吃饭以示庆祝的待遇。在我抵达新加坡不久与我丈夫的家信中有这么一段叙述："今天中午我们系主任又请我们四个人去宾馆里吃了一顿,每人18新币(另加10％服务费和3％消费税)的自助餐,我是几乎尝遍了所有的东西,吃得撑死了。"这样的美食以及关怀我们的师恩是我们这几个离开父母来到异乡的留学生永远不会忘记的。

三、芝加哥,展我东亚风采

2005年,第一届数学课程国际会议在美国芝加哥大学召开,该会议的主题是:(1)东亚国家是如何设想其国家课程标准或大纲等文件的,其过程又是如何的;(2)这些课程标准是如何由教材编写人员转换成教材内容并在学校中贯彻执行的。美方从中国、日本、韩国和新加坡每个国家邀请了两名代表作为报告人,分别就上述两个主题介绍该国的情况。中央民族大学的孙晓天老师和我代表中国,李秉彝先生与新加坡教育部的苏钊建先生代表新加坡一起参加了这个会议。我们往返机票等费用均由美方承担,李先生笑称这是美国试图花钱买我们东亚数学教育成功的秘密,我说:"是啊,还只是花了点小钱。"结果,连倒时差的时间都没有,晚上到芝加哥,第二天就开会。李先生的大会报告是"新加坡六十年来的数学大纲和教科书(1945—2005)",他回顾了新加坡从使用外国数学教科书和由外国人来执教,发展到使用自己的教科书培养自己的教师这个过程中所发生的一些重要事件。比如通过科技教学,李先生认为这是一件大事。他介绍说,新加坡是在1982年将科学计算器引入初中(7—10年级)、在2006年将图形计算器引入初级学院(11—12年级)的,新技术的融入不仅影响着教什么,也改变着怎么教。在教学内容上,新加坡课程中欧氏几何内容明显减少,统计内容则逐渐增加;教学从过去强调内容发展到今天强调过程,从注重教到注重学[1]。新加坡高年级数学教学中借助图形计算器学习统计,这一点我们在几年前华东师大王建磐教授主持的课题"主要国家高中数学教材比较研究"中

---

[1] LEE P Y. Sixty years of mathematics syllabi and textbooks in Singapore (1945 - 2005)// USISKIN Z, WILLMORE E, *Mathematics Education in Pacific Rim Countries*: *China*, *Japan*, *Korea*, *and Singapore*. Charlotte: Information Age Publishing, 2008: 85 - 94.

也有了深刻体会。研究发现,新加坡教材不仅概率统计讲得较深较广,而且在使用图形计算器这一方面也较为突出。以二项分布的教学为例,在计算二项分布的概率时,因为它借用图形计算器逾越了计算障碍,所以可以将教学更加集中于二项分布知识的探索与应用,它花了很大篇幅来探究二项分布、正态分布、泊松分布间的联系,并应用这些联系来解决问题。虽然内容比其他国家深,但是数学学习因为更加重视直观和实验而具有可接受性。

2000年我学成回国,继续在华东师大数学系工作,先后参与了国家普通高中数学课程标准的研制、华东师范大学版《全国义务教育课程标准实验教科书初中数学》的编写以及上海中小学数学课程标准的研制,也曾参与过第三届东亚数学教育国际会议(EARCOME-3)等一些国际会议的组织工作,这些与我留学新加坡,受李秉彝先生的教导是分不开的。李先生的故事还有很多,比如他是怎么回复众多询问 TIMSS1996 新加坡学生数学第一的成功秘诀的来信的,中小学几何教育要如何做,如何处理好基础与创新的关系等等。相信读者在读完全书后会和我们一样喜欢上这位活力四射、真诚善良而睿智的长者。让我们以李先生

2005年11月,第一届数学课程国际会议上中、日、韩、新代表与主办方合影

2008 年 12 月，李秉彝、张奠宙、唐瑞芬三位教授在华东师大与数学教育研究生座谈

在 2013 年庆贺张奠宙先生 80 华诞上的一句话来结束本文："认识世界，也要世界认识我们。"

中国兰州与一本数学世界名著的故事

——兰州·数学·兰州讲义

西北师范大学　巩增泰

今年是新加坡数学家李秉彝先生八十华诞，温州大学方均斌教授主编了一本纪念李先生的书《李秉彝与中国数学教育》，样稿读后深受感动。作为李先生的学生，方老师建议我们写写李先生与中国数学教育的点点滴滴。于是我有感而发，用笨拙的文笔写下了这些文字：兰州，一座城市的数学记忆。

兰州是甘肃省省会，西北地区的大城市之一，市区南北群山环抱，东西黄河穿城而过，蜿蜒百余里。如果你行走在中国的各个城市，即使是县城，也一定能看见"兰州牛肉面""兰州牛肉拉面"等餐饮招牌，所以兰州以"兰州牛肉面"为城市名片，再自然不过了。当你浏览兰州市政府网站(http://www. lz. gansu. gov. cn)时，会发现城市名片包括"一本书(读者)"、"一碗面(兰州牛肉面)"、"一条河(黄河穿城而过)"。一个城市地名与世界名著有联系，是不足为奇的，然而，一个城市地名直接出现在一本新加坡世界科技出版公司出版的数学名著书名中，就应该有些故事了。1989 年，新加坡数学家、新加坡国立大学教授李秉彝博士的专著《Henstock 积分的兰州讲义》(*Lanzhou Lectures on Henstock Integration*，也称《兰州讲义》)由世界科技出版公司(World Scientific Publishing)出版，便诞生了本文题目"兰州·数学·兰州讲义"这个故事。一个美好故事的诞生，总是有着漫长的孕育期。故事的起源追溯到上世纪 70 年代。据丁传松教授回忆，1979 年，时任甘肃师范大学(现西北师范大学)数学系主任的丁传松老师，邀请其导师——华东师范大学的程其襄教授和同届研究生同学张奠宙老师到当时的甘肃师范大学(现西北师范大学)数学系讲学，其中程其襄先生所作的一个学术报告就是介绍李秉彝先生的英国导师亨斯托克的广义积分理论。Henstock 积分是一种比黎曼积分和勒贝格积分更为广泛的一种非绝对积分,它能够弥补勒贝格积分的很多不足。当时,尽管丁先生对其很感兴趣,但由于各种原因没能深究。一个故事之所以能够产生,大都有着"太多传奇"的成分。5 年以后的 1984 年,故事得以延续。在山东烟台举行的一次泛函分析会议上,张奠宙老师告诉丁老师,说 1983 年李秉彝先生访问了华东师范大学,而李秉彝先生正是亨斯托克的学生。丁老师回到兰州后便与李秉彝教授进行了联系,开启了李秉彝先生中国西北传道授业解惑的行程。

我是 1983 年参加中国的高考并于 9 月进入位于兰州的西北师范学院(现西北师范大学)学习的。1985 年冬天第一次聆听李先生的报告是在当时的理科楼(现教学 1 号楼)154 阶梯教室。大凡在西北师范大学学习过的同学都能讲出一些与该阶梯教室相关的趣事和记忆,它现在仍然是西北师大为数不多的每天 24 小时开放的教室之一。记得若干年前,时任甘肃省教育厅厅长的王嘉毅教授还写过一篇师大印象的文章:难忘的 154 阶梯教室。1985 年冬天的一个正常工作日,我在这个阶梯教室聆听了李先生的报告,是系里组织还是我主动听讲的,记不大清楚了。这是我人生中第一次近距离接触到外国学者,李先生是用中文报告的,报告的题目不大记得,似乎是与积分理论相关的一个话题。李先生精神很好,声音洪亮,肢体语言很丰富,满头银发,总之,觉得这就是教授风采! 记忆犹新的是在讲一个与海涅(Heine)定理相关的问题时,他在讲台上形象地用脚拖地行走比喻"$x \to x_0$"(连续地逼近),大踏步行走比喻"$x_n \to x_0$"(离散地逼近),然后说明"$x \to x_0$"与"任意 $x_n \to x_0$"之间的关系,使人耳目一新。也许是当时已经系

兰州讲义从蜡版油印本到正式出版

统地学习了数学分析全部内容的缘故，也许是由于我当时在班级学习成绩尚可的缘故，记得听完报告后向李先生请教了一个问题。丁传松老师送给我一套当时系里蜡版印刷的"非绝对积分理论"上、中、下三册。后来我搬了6次家，均未遗弃，一直保存到现在，其原因是我前期的科研生涯与这次报告息息相关，也见证了丁传松老师对李先生第一次兰州讲学的高度重视。该蜡版印刷本便是《兰州讲义》的雏形。

从1986年9月开始，我申请参加了丁传松教授主持的"现代积分理论及其相关问题讨论班"，一直到1997年3月我到哈尔滨工业大学师从吴从炘先生攻读博士学位，从未间断过。期间的1987年、1989年、1991年、1995年我都参加了李先生的兰州讲学和研究生培养的全过程。前后参加讨论班的有：马振民（已退休）、李宝麟、巩增泰、王才士（现均为西北师范大学教授）、叶国菊（现为河海大学教授）、刘跟前（现为北京理工大学教授）、姚小波、廖可诚（新西兰）、陆式盘、许东福（均为集美大学教授，已退休）等。为了更好地、系统地进行Henstock积分及其相关问题的研究，李先生于1989年出版了以"兰州"命名的专著《兰州讲义》（*Lanzhou Lectures on Henstock Integration*. World Scientific, 1989, Singapore），同时和丁传松教授合写了《广义黎曼积分》（科学出版社，1989）。正如当时已80高龄的程其襄先生在《广义黎曼积分》的序中所述："这里要特别提到新加坡国立大学李秉彝（Lee Peng Yee）教授的贡献。他曾经担任东南亚数学会会长，现任国际数学教育委员会的副主席，是一位国际性人物。他又是Henstock的高足，当然深得广义黎曼积分的真传。1983、1985和1987年他三次来华讲学访问，在遍访京沪之外，还仆仆风尘，深入西北地区培养研究生和青年教师，对于开发'积分论'的研究，贡献莫大焉。因此，把丁传松和李秉彝合著的这本《广义黎曼积分》看作中国和新加坡两国人民友谊的一种结晶，我觉得是很合适的。"而后，2003年，时任西北师范大学数学与统计学院院长的刘仲奎教授（现任西北师范大学校长）邀请李先生访问西北师大，具体联系和接待是由李宝麟教授和我负责的。直到现在，我指导毕业的硕士研究生已有近40位、博士研究生7位，有的已经晋升为教授。但我仍然用15个左右的课时，在我的硕士研究生学位课中讲授《兰州讲义》的课程内容，目的是两个方面：一方面学习近代分析学积分理论；另一个更重要的方面是提高硕士研究生的分析类数学课程

　　这里要特别提到新加坡国立大学李秉彝(Lee Peng Yee)教授的贡献。他曾任东南亚数学会会长，现任国际数学教育委员会的副主席，是一位国际性人物。他又是 Henstock 的高足，当然深得广义 Riemann 积分的真传。1983,1985 和 1987 年他三次来华讲学访问，在遍访京沪之外，还仆仆风尘，深入西北地区培养研究生和青年教师，对于开发"积分论"研究，贡献莫大焉。因此，把丁传松和李秉彝合著的这本《广义黎曼积分》看作中国和新加坡两国人民友谊的一种结晶，我觉得是很合适的。

　　广义 Riemann 积分问世多年，但系统的著作不多。McShane 的《统一积分》很不错，但只处理了绝对可积的情形。丁传松与李秉彝的这本书不仅填补了中国大陆在这方面出版物的空白，而且总结了近年来在积分论研究上的若干新成果，在学术上有所前进。通俗化原是广义 Riemann 积分研究的初衷之一，本书具备起点低、易于入门的特色，许多处理都是独具匠心的。所以我期待本书会拥有相当多的读者。

　　在本书即将付梓之际，我盼望国内外在积分论研究上更进一层，克服广义 Riemann 积分现存的若干弱点，使积分理论日渐更新。与此同时，也祝愿丁、李的合作不断扩大，研究后继有人。于是乐为之序。

程其襄

一九八九年四月九日于沪滨

程其襄先生为《广义黎曼积分》撰写的序言

1991 年 2 月，与李先生在新加坡国立大学数学系大楼前合影

的英文阅读和写作能力，权当分析类数学的英文字典使用。每上一次课，都似乎在重复感受着李先生在兰州所播撒的阳光，历历在目，倍感温暖。

　　兰州，一座城市的数学记忆写到这里，暂且告一个段落，但我意犹未尽，还要再添一点：1991

年 1 月 27 日至 3 月 3 日,应李先生的邀请和承蒙李先生厚爱,我在新加坡国立大学进行了为期 30 天的访问和学习,期间得到李先生及其家人,包括师母、李正先、李正莲、李正红等的照顾。访问期间,适逢中国农历春节,参加了很多李先生的家庭聚会和朋友聚会,回想起来很受感动。在学术上,得到李先生及其博士周选星(Chew Tuan Seng)先生的指导,并和李先生合作了两篇论文,分别发表在《实分析交流》(*Real Analysis Exchange*)和《马来西亚科学》(*Sains Malaysiana*)上。夜已经很深了,就写到这里。

忆海拾零

——献给李秉彝先生八十华诞

河海大学　叶国菊

提起笔来，记忆便回到了1987年的五六月份！当时大四的我带着忐忑的心情走进了西北师范学院（现西北师范大学）专家楼！那里住着时任国际数学教育委员会副主席、东南亚数学会主席、新加坡国立大学数学系的李秉彝教授。这是我第一次拜访即将开启我研究生新生活的导师——李秉彝先生。来到李先生的住处，带着点紧张、不安的心情轻轻地敲开了李先生的房门，李先生就在我的面前。我慌慌忙忙地说了声"李先生好，我叫叶国菊"。接着便不知说什么好，想好的台词忘得干干净净。"我知道，请进请进"，反而李先生随和、热情的招呼让我略带紧张的情绪缓和了许多，于是我便在李先生智慧而又善解人意的谈话引领下度过了半个多小时。我简单地汇报了我的学习情况（其实，我也不会做复杂的汇报，况且他什么都知道）。李先生是通过我的导师西北师范大学的丁传松教授了解我的全部情况的，我无需多言，他便知道要给我说什么，介绍什么，我静静地听着、听着，竟忘记了拘谨，只记得他最后不经意地说了声"我们争取一起工作一段时间"。我当时不知道"一起工作"的含义，在那个单纯的时代，对于单纯的我，感觉什么都不懂，也不知道应该怎样说话，唯一会做的便是不说话和傻笑，就这样完成了和李先生真正意义上的第一次见面，这次见面同时也开启了我学习、生活的新航程。

我是李先生在中国大陆招收的第一位研究生（指在国家正式招生简章中可以查到的那种），现在回想起来，这次见面还是挺有意义的，它意味着我的成功拜师和李先生对联合培养研究生开始承担义务，开始规划我的三年研究生生活并将付诸行动。虽然当时的李先生非常繁忙，但他从来不会因此而冷落了任何一位找他的人！他随和没有架子，和蔼、热情、睿智、幽默风趣，特别是给人感觉精力充沛，活力四射，这些给我留下了很深刻的印象！我非常庆幸有这样一位有责任、敢担当、乐于奉献的导师在引领着我不断进步，此后的一切证明了他是怎样对待学生的。

1987年6月，李先生与前来兰州参加研讨会的来宾们合影

兰州访问结束后，李先生回到了新加坡，就开始寄给我一些文献资料，写信介绍一些问题，我基本上每月都能收到来自新加坡的信函。那个时期的交流没有别的方式，只能靠书信往来，每次收到李先生的来信我都非常高兴，都会好好地琢磨李先生说的问题，同时也欣赏他那洋洋洒洒的书法（他的字非常与众不同）！因为我学习的外语是俄语，英文不好，李先生就特地给我一本俄文版的专业书《当儒瓦积分理论及其若干应用》(*Theory of the Denjoy Integral and Some of Its Applications*)(Tbilisi, 1978)，由切利泽(V. G. Chelidze)和吉瓦尔舍伊什维利(A. G. Djvarsheishvili)著。这是一本非常深刻、全面介绍广义积分理论和它的应用的专著，在后来的学习中对我帮助很大，我的硕士论文和早期发表的多篇论文都受益于这本书！

1989年9月，李先生在新加坡国立大学数学系办公室

就这样在我和李先生频繁的书信往来中我来到了新加坡，那是1989年的秋天，李先生帮助我申请到了新加坡国立大学资助外国学生短期留学的资格和经费，我得以来到新加坡，在新加坡国立大学数学系学习一段时间。那时的出国手续很复杂，从拿到签证到最后成行，费时费心，李先生为此给相关部门和新加坡驻北京大使馆写信希望我能顺利出国学习。在李先生的大力支持下，1989年秋天我终于到了新加坡，开始在李先生的亲自指导下学习非绝对积分理论。这是一段非常愉快、难忘、收获颇丰的时光，它影响着我后来的生活和发展方向。

在新加坡期间，在生活上李先生和他的家人给了我无微不至的关怀，在工作上李先生倾注了大量心血。到新加坡后，李先生首先给我讲了"A-积分"的一些背景知识和存在的问题，又给我提供一些参考资料，希望我能在这方面做些工作，于是我们的研究就这样展开了！我每天是乘李先生的车去办公室的，在路上，在办公室，有时还在他家里，我们每天反复讨论问题，李先生也介绍其他方面的知识给我。这段时间，我学到了很多东西，不仅仅是数学知识，还有生活经验。在国立大学，我的视野开阔了很多。在兰州很少看到的本专业的书籍资料，在这里应有尽有，目不暇接。就在这种学习、讨论、再学习、再讨论的学术氛围下，我们合作完成了第一篇文章"A-积分"，发表在1989年新加坡国立大学数学系系列论文集里。新加坡访问期间，在李先生的精心指导下，我基本完成了拟定的计划，圆满回国。

在新加坡期间的学习、生活是愉快的，李先生教会我的不仅仅是数学知识，还有做人与做事！他那对教学、对科研精益求精、一丝不苟、刻苦认真的工作态度；对人对事的友善、关爱、和谐的生活态度；还有他那大度、高雅的生活作风，助

2011 年 6 月，与李先生、吴从炘教授在镇江

人为乐的高尚品质都让我终身难忘！虽然新加坡之行是短暂的，不到两个月，但对我的影响是巨大的！李先生的慧言慧语、谆谆教诲让我终身受益！

　　时光如梭，转眼间距离第一次见面十年过去了，这期间，通信技术迅速发展，我们的学术交流也从单一的书信往来过渡到使用 E-Mail，大大提高了沟通效率。这期间，我们合作完成了多篇论文，但其中的一篇可谓是大费周折，记忆犹新！让我又一次领略了李先生对科研工作的认真与负责！对学生的关爱和扶持！

2009 年，李先生在陕西师范大学

问题听起来很简单，是关于高维空间中可测集中去掉一个零测集，然后用一个当儒瓦（Denjoy）划分中的部分区间去覆盖这个零测集，验证一些条件使之满足需要，从而可以处理很多类似问题。但要把它写出来，讲清楚，用英文准确表达对我来说却不是件容易的事！我们知道，高维空间中 Denjoy 积分有很多种不同的定义形式，由于划分的复杂性，导致许多一维空间中简单的描述都不能直接推广到高维空间中，这要解决许多细节问题，做一些技术上的处理！我给出了主要定理的描述和它的证明，证明思路不难理解，表述却很复杂，用中文写出来大约一页纸，当我写成英文寄给李先生时，李先生说我的叙述根本让人看不懂！于是，李先生就一句一句地问，我一句一句地回答，大概每天至少一封 E-Mail，用了一个多月才使从数学到表达获得李先生的认可，然而，却得到了李先生简明扼要的两个字："重写！"记得我的每次回答，李先生都要求精准、仔细地回答他的问题，不允许有任何一点含糊、不清楚的地方，他读过的地方不能有瑕疵！就这样，我们来来往往好几十封信件，也就解决了这么一个问题，仅完成了论文中的主要

2013 年 6 月，李先生在上海华东师大

部分！在那一个多月里，我一次又一次地见证了什么是负责任的导师！什么是高尚的科研态度！李先生常对我说："写文章要简洁、清楚、干净、自封闭，如果你写的文章连我都不清楚，别人就更不清楚了，如果这样，必须放弃，重写！"这就是我敬爱的导师——李秉彝教授！他就是这样言传身教、为人师表的！就是在这种一丝不苟的学术精神熏陶下，在一遍又一遍论文的修改中，我体会到他的人格魅力，学习他为人师表的崇高精神，这些都影响着我不断提高自己！后来，我带学生，也一直用他的方法。他的影响，让我受用无穷！真是感激无限！

上世纪九十年代，我国开始不断地派出高校教师去国外著名大学和科研团体交流访问，我有机会去东欧国家访问一年，当我告诉李先生这个消息时，李先生建议我去访问国际著名的数学家、科兹威尔积分和广义微分方程的创立人、捷克科学院数学研究所科兹威尔和施瓦比克（Schwabik）教授，李先生很快把我推

荐给施瓦比克,并告诉我联系方式等。在施瓦比克教授的邀请下我顺利地获得了国家基金委派出人员资格;在施瓦比克的帮助下,我的关系从查理大学转到科学院,如愿来到了捷克科学院数学所,跟随科兹威尔、施瓦比克教授继续学习广义积分和广义微分方程。在捷克数学所的一年里,我又一次幸运地得到了二位恩师科兹威尔、施瓦比克教授的大力帮助和指导,使我开阔了视野,提高了专业水平,为当好一名合格的人民教师又进了一步。当然,任何时候任何地点,我和李先生的学术讨论从未中断,在捷克,我一如既往地得到李先生的鼓励和支持。

李先生就是这样不遗余力地帮助任何一位需要帮助的人!

转眼间,距离第一次见面二十多年过去了,李先生也到了退休年龄!然而,他的精神依然令人如此感动和敬佩!我和我的学生开始尝试一种新积分和它在空间、微分方程方面的应用的研究。由于这种积分形式很独特,因此很容易让人产生怀疑,为了彻底解决这个问题,我又一次来到新加坡。不同以往,这一次是专门就新理论展开讨论的。我和李先生,还有李先生另外两个学生周选星教授(新加坡国立大学数学系教授,已退休)、李多勇讲师(新加坡南洋理工大学国立教育学院)一起连续几天集中讨论,这是一个基本没有休息的高强度学术活动,非常辛苦!天气炎热的新加坡,李先生每天奔走在家、教室、办公室之间,思索着我提到的每一个问题,关注着每一个细节,我知道他很疲倦,但他决不放弃每次学术活动,坚持到我离开新加坡的最后一天,那时,他的喉咙已经说不出来话,身体也很虚弱,我为此深感歉意和愧疚!盼望着李先生好好休息,早日恢复。没想到的是,我回去后他很快就修改完成了我们工作的第一部分!接着一段又一段地陆续修改并寄回其他

2009 年 6 月,李先生与河海大学研究生合影

部分,连一个标点符号也不放过！我感动着、敬佩着他这一代科学家的精神,这种精神必将激励着无数像我这样来自五湖四海的学子,也影响着这些学子的学生们……世代相传！在我和李先生三十多年的交往中,这样的故事太多太多,点点滴滴,一言一行,字字句句,一直都在影响着我、感动着我,鼓励着我向更高层次迈进！我庆幸、我感恩有这样一位恩师一直在帮助我,扶持我,在此,我能做的就是表示深深的感激！

李先生在国际上有很多学生,特别在东南亚,他的学生尤其多,他对每个学生都是这样倾注大量心血的,不仅在学习和工作上,在生活上也给予大量的支

2010 年,李先生在泰国曼谷主持国际会议

2010 年,李先生在泰国曼谷与日本、泰国数学家合影

持。为了减轻学生的负担,很多东南亚学生到新加坡都是住在李先生家里的,李先生还要给他们生活补助! 对学生他可谓是大方有余,自己的生活却非常简单节俭,从来不会浪费任何东西,但对一个又一个学生的资助,从来都不犹豫含糊,这就是李秉彝先生! 我们敬仰的李先生!

　　前不久,欣闻方均斌教授正在撰写《李秉彝与中国数学教育》,并邀我介绍一二,我欣然应诺,借此机会表达对李先生深深的感恩和祝福,祝愿李先生身体康健、生活幸福、万事如意!

学会动脑筋　养成好习惯

——李秉彝先生赠语金刀峡小学的故事

西南大学　黄燕苹

　　李秉彝先生虽出生于新加坡，但作为炎黄的子孙，自踏上中国这片热土，他便与之结下了不解之缘。是他怀揣着对这片土地和人民的热爱，奔走在各国的数学教育界，将中国数学教育领进了世界的舞台；是他在自己新加坡的家中招待了众多从事数学研究和数学教育研究的中国学者；是他通过各种不同的方式培养了许多中国学生；是他争取各种机会来中国讲学，进行数学和数学教育文化交流。我也正是在先生来中国讲学的会议上与之相识并有幸成为先生的编外学生。今受方均斌教授的邀请写一篇"李秉彝先生印象记"，想说的实在太多，恐凌乱无序，今特选一故事以飨读者。

　　2012 年 7 月，当《折纸与数学》问世以后，我们想到的后续第一项工作就是如何应用。正巧我那时在中国民主同盟重庆市北碚区委员会担任主任委员，我们有一项重要的工作就是社会服务。社会服务的其中一个项目是帮助北碚区金刀峡小学建设特色课程。北碚区金刀峡小学与北碚著名的偏岩古镇为邻，古镇迄今已有 300 多年的历史，有老街区、古戏台、禹王庙、古客栈、古石桥、玉屏书院等老建筑，还有打连响、山歌会、秧歌舞等民间艺术。因此，金刀峡小学结合自身特有的地域优势开设了多项特色课程，有培养"小导游"、画京剧脸谱、折纸活动等。利用民盟社会服务的这个平台，我带领学生去金刀峡小学为孩子们讲折纸。虽然在每一项特色课程中都能看到学生的显著进步，例如，不爱说话的学生，参加"小导游"培训后变得活泼好学了，但是我们也发现，金刀峡小学的老师们还是没有解开这个问题：开设这些特色课程究竟有多大的作用？我们虽然有了各种不同的答案，但都没让自己和小学的老师们满意。于是，我想到了问李先生，我相信先生一定会有让人满意的答案。果然,邮件发出去后很快就收到了先生的回信,10个字"学会动脑筋 养成好习惯"。

先生给我的印象是:没有他不能回答的问题。

"学会动脑筋 养成好习惯",非常经典的解释,包含了所有的教学活动。要成为一名"小导游",需经过实地考察、查阅资料、撰写解说词等环节,这些环节能培养学生"会观察、善学习、勤思考"的好习惯。京剧脸谱是在京剧表演过程中一种传统的具有中国文化特色的化妆方式。对不同时期的历史人物、不同类型的人物表现都有一种逐渐被大家认同的谱式,因而称为"脸谱"。金刀峡小学有一门特色课程就是教有兴趣的学生画脸谱面具。据说,京剧脸谱最初的作用,只是夸大剧中角色的五官和面部纹理,用夸张的手法表现剧中人物的性格等特征,以此来为整个戏剧的情节服务,后来逐步发展为中国具有汉民族文化特色的图案艺术,这些图案记录了中国典型剧目中典型人物的基本特征。因此,画脸谱的时候,解读人物的性格特征和人物在剧中的角色定位非常重要,然后才是作画的技能技巧。这对培养学生"会观察、善学习、勤思考"的好习惯仍然具有非常重要的意义。金刀峡小学开设的折纸活动基本沿用我们设计的"看一看"、"折一折"、"做一做"三阶段模式,"看一看"阶段是向学生展示一些折纸拼图的作品,激发学生的活动兴趣和明确活动的目标;"折一折"是教师通过PPT、操作和语言示范折纸过程,学生进行折叠操作;"做一做"阶段是学生回忆折叠步骤,然后利用折好的几何板组拼各种不同的图案。折纸活动与画脸谱一样都是经历从模仿到创造的过程,对培养学生"学会动脑筋 养成好习惯"也是显而易见的。

先生给我的印象是:对数学教育思想的提炼精准、经典、易记。

我本以为这件事情就告一段落了。让我惊奇的是,2013年先生从新加坡来中国讲学,来之前在电邮中告诉我有礼物要送给金刀峡小学。我猜可能是课外书籍、学习用具等等。先生来重庆以后,我展开一看,是一幅书法作品,上书"学会动脑筋 养成好习惯"10个大字,铿锵有力。这一次我不是以盟员的身份而是以折纸教师的身份与先生和师母一同去了金刀峡小学。我们在学校观摩了一节折纸活动课和一节培养"小导游"课,参观了学生和老师所画的脸谱作品。先生对学生和教师的鼓励给了他们极大的信心和动力。另外,先生还就如何开展折纸活动、培养"小导游"、怎样教画脸谱提了许多宝贵的建议。先生讲:"折纸活动是以活动为主,与每天都上的数学课有着本质的区别,你不是要教给学生数学知识,是要培养学生思考的习惯、动手的习惯。""例如,老师教你折一个平行四边形,你一开始是记住了老师教的折叠步骤,但当你理解了这个步骤后,你就可以用不一样的顺序或折法来完成了。这与学习数学是一样的。"先生接着说:"培养小导游也是一样的,刚开始孩子们只是念老师写好的讲解词,不知其意,但当孩子们经过实地观察、采访记录后,语言就丰富了,就可以自己写讲解词了。""教学生画京剧脸谱,你不要一开始就给学生讲大道理,讲人物的性格特征,而是让学生先模仿,让他熟悉脸谱的基本画法和技巧,然后让学生自己去查阅资料了解背后的故事,学生再动笔作画就会进行创作了。"

先生给我的印象是:在他的心中满满装着的是对学生的爱。

故事写到这里应该结束了,这个故事虽不能概括我对先生的全部印象,但我想以一个小插曲来作为本文的结尾。去金刀峡小学要走路经过一座较窄的没有栏杆的小桥,先生走上桥的第一个动作是去牵师母的手。"执子之手与之偕老"。先生爱家人、爱学生、爱朋友、爱世界,心中充满的是美丽而动听的爱的音符。我想也许只有拥有这样音符的人才拥有能对世界作出贡献的智慧吧!

平生遇到的贵人：李秉彝先生

澳门大学　江春莲

中学时梦想自己以后可以成为一名老师，但没有想到自己会成为一名大学老师。从大学到现在，中间几个比较重要的阶段，都得到了前辈的栽培和提携，其中不乏不计任何回报帮助我的贵人，李秉彝教授是这些贵人中的一位。

打破常规录取我。1996 年硕士毕业后，我去华中师大一附中当了一名高中数学老师。1998 年秋季开学后不久，我就收到时任新加坡南洋理工大学国立教育学院数学系主任李先生寄来的博士申请材料。那时候我才知道，原来这已经是他第二次给我寄申请材料（第一次寄的不知何故，没有到我手里）。我填好申请表寄回去后，第二年 3 月就收到南洋理工大学给我寄来的学生签证。等到新加坡学习的时候，我才发现华人比例高达 70％的新加坡的官方语言居然是英语，没有考过托福、GRE 的我，3 年的中学教学工作已经把那点可怜的英语早还给老师了。不知道李先生哪来的勇气，在完全不了解我的英语水平的基础上，接受了我的申请！按照现在各大学博士研究生的招收条件，我是绝对不可能被录取的。

教育是一项与实践紧密结合的学科，我的硕士毕业生面试美国博士入学的时候，美国教授一致强调至少要有 3—5 年的教学经验。没有实际教学经验，固然可以读个博士，但要做出真正对教育教学实践有影响的工作却比较困难。

爱生如子，有求必应。我不仅英语水平低，对何谓数学教育研究也知之甚少。留学的前半年，我几乎是在补英语，背英英辞典，从 A 背到了 C；读了几本英语数学教材，发觉这些数学教材上都有单独的一章"问题解决"（Problem

Solving）；读波利亚的《怎样解题》和《数学的发现》。九个月以后，当一起留学的朱雁同学忙于找数学问题解决教材分析框架时，我还不知道研究框架为何物。这时，导师冯灏强把他收集到的新加坡学生关于分数、速度、比和比例的试卷给我，让我按照他的一篇文章进行分析，我才开始接触数学教育方面的文献，了解了一些数学学习理论，如信息加工理论、问题解决等。极慢的进展常常让我陷于一种十分无助的状态，每每这时，我会给李先生发一封电邮，他就会马上回复我，让我第二天一早去他办公室见他，了解我的学习困难，听我准备的报告，让我练习如何用英语作报告。没有他的默默支持，我可能无法完成我的博士学习。

从 1999 年暑假到现在，18 年过去了，很多事情都已经淡忘，但有些情景随着记忆的沉淀却越来越清晰。1999 年的时候，我是华中师大一附中第一届理科实验班的数学主教练，当时带到了高二，到高三就要出成绩了，我很想带完高三再走可又觉得不妥，所以最后决定等到学期结束再走。那时候互联网还没有现在这么发达，找旅行社订好机票后，让朋友给李先生发了个电邮过去，告诉李先生我到达新加坡的时间。1999 年 6 月 30 日，下了飞机的那一刻，我才发觉没有预订住宿，也不知道该往哪里去！环顾四周，看到了设在机场内的酒店柜台，于是我走过去，交了 20 元新币预订了 40 多块钱一晚的住宿。可就在我转身准备离开的时候，一位白发苍苍的老人走过来问我："你是从武汉过来的吗？"我没有回答，也没有抬头看他。但就在他准备转身离开的时候，我反应了过来，问了一句："您是李教授吗？"他回头来说是。坐到他车上后，我才知道，他怕接漏了我，还带着他女儿。当天晚上他把我接到他家，住她女儿的房间，第二天才把我送到他给我订的住的地方。

在新加坡那些年，李先生常常请我们到各种不同风格的餐馆吃饭，潮菜馆，闽南菜馆，粤菜馆，等等。每次他都不忘调侃，说他是在投资，他请一顿，以后我们每个人还一顿，他就有很多顿。18 年过去了，最后的结果是，我们吃了他很多顿，他却没有接受我的一顿！2012 年，我带学生去新加坡参访的时候，想请他一顿，他都没有给我机会。记得一次他带我们到离马来西亚最近的地方吃饭，饭后在附近散步，结果遇到了大暴雨，他赶紧把我们载回学校，一回来，就让我们去洗手间在烘手机旁烘衣服，生怕我们淋出病来。

与李先生一起用餐

（左起：艾凯凯，斯瓦特·劳，江春莲，李秉彝，卡布拉尔，吴颖康，朱雁）

在读博期间，我曾在华侨中学（现在的华中书院）工作过一年，期间怀孕生子。对处在特殊时期的我，李先生特别细心。每次我说要回大学修改论文，他都会开车到华侨中学接我过去，下班后又把我送回来。华侨中学下车后，我需要过个天桥，年轻的我没什么安全意识，所以上下楼梯从来都不扶栏杆。他发现后就及时提醒我："别人摔得起，你摔不起！"所以，到现在我走楼梯都很少走中间，以便在紧急的情况下马上可以抓住栏杆。

引领东南亚数学教育研究者，寻找东方数学教育特色。2017 年 9 月，我接到方均斌教授让我写李教授事迹的邀请，我很高兴地接受了。国庆期间，我回到武汉的家，翻出以前的照片，其中有一张照片是 2002 年在新加坡南洋理工大学国立教育学院举行的第二届东亚地区数学教育会议的"华人论坛"上拍的。从那时起，李先生、梁贯成老师、范良火老师（他们都坐在前排）等一起联合一些东南亚数学教育研究者，寻找华人数学教育的特点。在论坛上，李先生谈到如何正确地看华人数学课堂：在西方人看来，华人课堂是老师权威性的讲解，学生被动地接受，而不是主动地学习，可为什么华人学生又能在国际数学评估中取得好成绩呢？大家畅所欲言，时间过得很快，直到结束的时候，大家还意犹未尽。记得

在第二届东亚地区数学教育会议上，李先生慷慨激昂

在论坛上我还跟大家分享了我当中学老师的体会。我说，当老师的时候，我会根据学生的课堂反应将教学往前推进，而不是茫然地赶教学进度。两年后，就看到了《华人如何学数学》英文版的出版。

也正因为李先生看到了华人数学教育的传统优势，所以在世界各国都在向美国学习的时候，以李先生为代表的新加坡数学教育界依然试图保持亚洲数学教育传统和学习发达国家的数学教育改革方面的平衡，这种努力使得新加坡一次又一次让世界对这个只有 560 多万人口的小国惊叹不已。如考试文化，新加坡的小学毕业离校考试，普通教育证书"O"水准、"A"水准测试，尽管这些测试给教育持分者（包括学生、家长、学校、老师）带来很大的压力，但从另一方面，各种考试制度的保留保证了新加坡学生的数学高水准。其小学毕业离校考试，试题覆盖面广，复杂度较高，有很多值得我们借鉴学习的地方[1]。贯穿新加坡小学数学的模型化方法，也很好地建立了数学文字题与抽象数学之间的桥梁，成为学生数学思考的工具[2]。中国大陆的数学课堂教学也有画线段图，我们可以学习和借鉴新加坡的数学教育，让线段图不仅用来帮助学生理解题意，而且成为学生"可见思维"的一部分。

广泛接受东南亚学生，培养数学和数学教育人才。写下这个小标题，其实自己觉得挺惭愧的，因为自己真的不配称为人才。李先生在国立教育学院数学系当系主任那些年,招收了包括本人在内的来自东南亚国家的数学和数学教育方面的学生。数学教育方面,来自中国的有李俊、朱雁、吴颖康、我和后面的黄兴丰、金美月等,来自印度的有斯瓦特·劳(S. Ray)。数学方面,有来自菲律宾的伊曼纽尔·卡布拉尔(E. Cabral)、来自缅甸的艾凯凯(K. K. Aye)。斯瓦特·劳现在是法国国际学校香港分校数学科主任,伊曼纽尔现在是马尼拉雅典耀大学数学系的副教授,艾凯凯现在是缅甸仰光科技大学数学系的教授兼系主任。我们这些学生大都来自比新加坡经济落后的地方,可见李先生当初接收我们要面临多大的压力。

李先生和我们

(左起：朱雁,李俊,李秉彝,李哲,艾凯凯,卡布拉尔,江春莲)

　　我在新加坡读书的时候,李先生上的是分析类的课程,旁听过几次,听不懂。2012 年 8 月,我带学生去新加坡参访的时候,请李先生给我们的学生作报告,他从新加坡的课程框架,到数学教育评价、数学建模,再到数学基础与创新之间的关系,侃侃而谈,给我们很大的启发。他语重心长地说,我们要"先学精再创新",这是一个经历"新数学运动"到创立新加坡数学教育特色的数学家、数学教育家给我们的忠告!

2012年，李先生给参访新加坡的学生作报告，并与参访新加坡的学生合影

对我来说，李先生是我生命中最难得的贵人！我衷心地感谢他多年来对我的关心和鼓励，希望他在未来的日子里健康快乐！

2000年，与李先生的合影

参考文献：

［1］江春莲，巩子坤，刘付茵.2013—2015年新加坡小学毕业离校考试数学试卷分析[J].小学教学(数学版)，2017(5)：14－18.

［2］冯灏强.模型化方法：解决小学数学问题的有效方法[J].小学教学(数学版)，2011(4)：6－9.

我的老师李秉彝

华东师范大学 吴颖康

李先生有很多学生，几乎都是函数论方向的。尽管我是学数学教育的，但我是李先生最后一个 Official Student（官方注册的正式学生），为此我深感荣幸。应方均斌老师邀请，我谨以此文纪念李先生与我近二十年的缘分。

一、初见李先生

第一次与李先生见面是在一个冬天，李先生带领两位年轻的新加坡学者来华东师范大学数学系进行学术访问。当时我是华东师范大学数学系数学教育方向三年级的硕士研究生，已向新加坡南洋理工大学国立教育学院数学与数学教育系提出攻读数学教育方向博士研究生的申请。李先生来访的额外任务是对我和另外一位申请者进行面试。我的面试场所是李先生下榻的金沙江大酒店通往华东师范大学中北校区枣阳路门的那条小径。我陪着先生从酒店走到学校，走着说着，面试就完成了。我已经记不清当时李先生的问题和我的回答，但我记得李先生建议我要在中学实习，积累数学教学的实践经验。我听从了先生的建议，在浦东一所普通中学实习了将近半年。李先生"上通数学、下达课堂"的观点现在已广为人知，我想这是他当年建议我在读博前去中学实习的用意。虽然已将近二十年，但我每经过那条小径时，总会不由自主地想起李先生，想起我的那次面试和那段实习经历。

二、新加坡求学的四年

四年的新加坡求学经历在我的人生历程中占有相当重要的地位，李先生则是我那段时光里不可或缺的良师。我于 2001 年 7 月 12 日飞赴新加坡攻读数学教育方向的博士学位。自从我抵达新加坡的第一天起,李先生就给予我无微不至的关心、帮助和支持,不论是在生活上还是在学术上。这是我写在我的博士论文致谢中的一句话,一点儿也没有夸张。我第一次去新加坡是先生接机;我去马来西亚槟城参加学术会议,先生详细介绍了槟城的历史风俗,并画了槟城乔治镇的草图;先生还带我们几个留学生品尝新加坡最好吃的海南鸡饭、牛肉河粉、娘惹菜,带我们参观新加坡河、孙中山在新加坡的故居、新加坡连接马来西亚的第二通道(Second Link)……现在回想起来,仿佛就在眼前。

我刚到新加坡时,还没有导师。当时的系主任 Dr. Lim(林博士)建议我跟随 Dr. Wong(黄博士)做博士研究,可 Dr. Wong 要在半年后才能到岗,而我急需一个导师报至 GPR Office(Graduate Programme and Research Office,即研究生培养和研究办公室),李先生义不容辞地接纳了我。这是我成为李先生最后一个官方注册的博士研究生的缘由。那段时间里,李先生每周固定时间和我见面讨论,除了帮助我尽快适应新加坡的留学生活以外,先生还从旁辅佐,帮助我和 Dr. Wong 通过邮件沟通论文选题等,有时还会和我一起完成 Dr. Wong 布置给我的功课。

在新加坡求学的四年里,当我遇到任何不能解决的问题时,只要去找一下李先生,听他几句话的开导,原来的问题似乎就没那么棘手了,我也有了继续下去的信心和动力。先生的办公室大门永远为学生打开,只要一个电话的提前通知,李先生就在那里等候着我们。

李先生的教导我至今仍记忆在心。李先生说作为研究者,要善于提问,与人沟通,他积极鼓励我们向会议报告人提问;在我撰写博士论文期间,李先生帮我审读初稿,提出了很多建议,他指出论文质量的衡量可用三个 C 来概括,第一个 C 是 Correct,即论文内容要正确,没有科学性错误,就数学教育的研究论文来说,即研究问题要和研究方法匹配起来,要看你的研究方法是否能真正解决你的问题;第二个 C 是 Clear,即论文表述要清晰,不要含糊其辞,要让读者能够明白你在说什么;第三个 C 是 Clean,即论文没有无关的内容,且具有可读性,用先生的话来说,博士论文应该像小说一样,有线索贯穿始终,能够让读者深入其中,欲罢不能。只有做到了这三个 C,论文才算真正写好了。在我的一年报告、两年报告和博士论文答辩前,李先生都帮我作了演练,指出应该注意的问题;在我通过论文答辩回国前夕,李先生指点我回国后的研究工作,他用了十八个字概括,即"问题好"、"立平台"、"不停走"、"脚着地"、"先利器"和"再化简"。后来我发现在数学教育学报上有论文专门介绍了李先生的这十八个字[1]。

三、毕业以来

如果说我在求学期间对李先生的了解仅仅出于学生看待师长的视角,那么我在华东师范大学工作以后,对先生的了解就更为全面深入。

李先生一如既往地关心我的成长。凡先生看到与我研究工作相关的文章,他总会在第一时间邮件给我。2012 年我获得国家留学基金委资助后,先生建议我在寻找合作导师时,除了研究方向等学术方面的考虑之外,一定要找一个"认识"的人。他说,我们总有办法让你在去之前就认识你的老师。这样的例子还有很多很多,我不再一一列举。

李先生是一位低调的学者,他在数学和数学教育领域均作出了重要贡献,他曾经担任东南亚数学会主席、国际数学教育委员会副主席,积极推动了菲律宾、缅甸、印尼、新加坡等国数学研究水平的发展。就中国而言,先生在中国的数学教育走上国际化舞台方面发挥了极为关键的作用,可以用"引路人"来诠释。

1986 年中国正式成为国际数学联盟的成员国,由于国际数学教育委员会是国际数学联盟的下属组织,中国也自然而然成为国际数学教育委员会的成员国,并以一个中国两个地址的办法解决了中国大陆和中国台湾在国际数学联盟的成员归属问题,这个统一离不开李先生的努力和付出。1991 年在北京师范大学召开了中国数学教育历史上第一次国际学术会议,称为国际数学教育委员会中国区域会议(ICMI-China Regional Conference),李先生承担了大量的组织协调工作。那时中国的通信还很不方便,李先生克服了大量的困难,其中的具体故事可参考[2]。2006 年,在王建磐领衔下华东师范大学第一次提出申办 2012 年第 12 届国际数学教育大会,但没有获得成功;八年后的 2014 年,王建磐领衔下的华东师范大学数学教育团队再次提出申请,要在中国上海举办 2020 年第 14 届国际数学教育大会,获得了成功。李先生获知后说,"我知道会有这么一天,在上次申办失败的时候,就知道。现在正是时候"。2017 年 5 月,李先生飞赴上海华东师范大学,与申办团队分享筹办大会的具体会务细节,此时先生已近 80 高龄,其无私的奉献精神令人动容,催人上进。

2007年,与李先生和李夫人在马来西亚参加第四届东亚地区数学教育会议

2017年,与李先生和李夫人在华东师范大学闵行校区数学楼

最后,我向李先生表达我最诚挚的感恩和祝福,祝愿先生和夫人身体安康,快乐幸福!我想用李先生的三句话作为本文的结束。这三句话,我觉得最能代表李先生,值得分享和细细体会。第一句话,先生说,他的很多工作都是自己找来的,并没人要求他做,比如说上面提到的1991年在北京师范大学举办的国际数学教育委员会中国区域会议;第二句话,先生说,他目前最为重要的工作,就是帮助他的学生互相认识,他要学的一件事情,不是去开新路口,而是怎么样不开新路口,培养年轻人去做;第三句话,先生说,他的人生如果用一句话来概括,那就是他走向了阻力最小的一条道路。

参考文献

[1] 张定强,郭霞. 研究·论文·投稿——李秉彝先生的报告及其启示[J]. 数学教育学报,2005,14(2):20-22.

[2] 吴颖康,李秉彝. 中国数学与数学教育的国际化进程——与李秉彝教授的访谈录[J]. 数学教学,2011(11):1-4.

李秉彝先生印象记[①]

上海师范大学 黄兴丰

我最早认识李秉彝先生是在 2001 年,那是在华东师大的数学馆四楼听他演讲。那年李先生应当是年近花甲之时,银白短头发,大眼睛戴大眼镜,体瘦但行动矫捷。他的演讲涉及数学与数学教育,从讲 A4 纸长、宽之比谈起,让人耳目一新,至今记忆犹存。

2007 年,在导师李士锜先生的举荐下,我得以赴新加坡南洋理工大学国立教育学院做交换生。范良火教授担任我在新加坡的指导老师。同天抵达新加坡的,还有宁波大学的沈丹丹教授,于是范良火教授特意邀请李秉彝先生同时担任我们的指导老师。这样,我就有了经常和李先生见面交谈,或听他讲"三国演义",听他爽朗笑声的机会了。

范良火教授曾给我们讲过一个掌故。说有一外来访问的学者,到数学与数学教育系(MME,即李秉彝先生任教的部门)一周,只是听得同事都在谈论李秉彝先生的轶事,但是他却不认得。于是这位先生就对大家说了:"明天我一定要去认一认哪位是李秉彝。"周围的同事大笑,众口道:"这就是你的问题,竟然不认识李秉彝先生?!"确实是这样,李秉彝先生在国立教育学院是"明星级人物",无人不知晓。这一方面缘于他的学识,另一方面也是缘于他的善良和大方。他乐于和所有的人交朋友,常说:"我朋友的朋友当然也是我的朋友噢!"

一、课堂印象

我听过李秉彝先生的课,那年他和另一位同事给在职攻读硕士学位的中学

---

① 此文转载于《数学教学》2010 年第四期,个别地方略有修改。

教师(相当于我国的教育硕士)合开一门课——数学的基本概念(Fundamental Concepts in Mathematics)。课程一共是十讲,李先生讲授前六讲,由于我同时忙于博士论文,所以没有能全部听完,很是遗憾,不过我现在还保留了所有的讲义。

国立教育学院的教授真是实行"上门送学问"的服务。他们考虑到学员工作繁忙,就在他们所在的区设立固定的教学点。李秉彝先生当时授课的教学点离国立教育学院很远,在新加坡的东北角,他调侃说:"我们是要去天涯海角上课。"课每周一次,时间是下午三点半左右。一同去听课的,有沈丹丹教授,还有在国立教育学院攻读博士学位的金海月。去时,我们先坐公共汽车到文礼,然后转乘地铁一直坐到终点站,将近两个小时才到。不过,课后回来就好多了,李秉彝先生驾车带我们,一路介绍新加坡的风土人情,迎着晚霞,满载欢笑,一直把我们送到临近住地的地铁站。这时,已是暮色低垂,我们三人一定会去街头大吃一番,也总是沈丹丹教授慷慨解囊,抢着买单。

李秉彝先生的课,所讲的数学内容虽然比较抽象,但他有自己的方法,不让人感到枯燥乏味,我们很喜欢听。因为是英文授课的缘故,他生怕我们有困难,在空暇时,总会跑到我们跟前,用中文和我们低声说几句,我们感到很亲切。

李秉彝先生担任的课程一共是六讲,前三讲是几何:双曲几何、几何变换、公理化证明,后三讲是代数:多项式方程、特征值和特征向量、中国剩余定理。我听课的感受是,他善于运用直观易懂的例子说明抽象深奥的道理。比方说讲公理化证明,李秉彝先生首先把证明分成四个水平,分别是:过程演算、演绎推理、形式证明以及公理化证明。并以例子逐一说明前三个水平的证明:

过程演算:$(a+b)^2 = (a+b)(a+b) = a^2 + ab + ba + b^2 = a^2 + 2ab + b^2$。

演绎推理:取三角形底边的中点,用全等的方法证明等腰三角形的两底角相等。

形式证明:数学分析中用 $\varepsilon-\delta$ 语言,证明函数的极限。

接下来,介绍公理化方法:(1)一个数学系统(数系);(2)包含一些数学对象(数);(3)对象之间存在某种关系(+、×);(4)这些关系同时满足某些条件——公理。并以证明 $(-1)\times 0 = 0$ 说明公理化证明:

$$
\begin{aligned}
(-1)\times 0 &= 0+(-1)\times 0 && \text{加法零元／加法交换律}\\
&= [1+(-1)]+(-1)\times 0 && \text{加法的负元}\\
&= 1+[(-1)\times 1+(-1)\times 0] && \text{加法的结合律／乘法的单位元}\\
&= 1+(-1)\times[1+0] && \text{分配律}\\
&= 1+(-1) && \text{加法零元／乘法的单位元}\\
&= 0 && \text{加法的负元}
\end{aligned}
$$

他课堂的前半截是以讲授为主,后半截是学员合作完成布置的作业,许多问题都是很有意思的。譬如,设有如下的"四点几何"满足：

公理1　一共存在四个点。

公理2　每两点之间有且只有一条直线。

公理3　每条直线上有且只有两个点。

(a) 构造一个"四点几何"模型。

(b) 利用构造的模型回答如下问题：(1)一共有多少条直线? (2)一共有多少直线经过同一个点? (3)一共有多少个三角形? (4)一共有多少组平行线? 并定义平行线。

(c) 给出一个结论,并用公理化证明之。

李秉彝先生课后告诉我们说："如果学生问我,这样做可以不可以,我马上就会回答可以的,可以的。这样做的目的是鼓励学员继续思考下去,做出来最好,做不出来也没有关系,关键是他们已经想过了。"他的想法有时还真和别人不一样,他曾说："把学生全教懂的老师不是最好的老师,最好的老师是把学生教得半懂。半懂之时,学生才会继续思考,继续探究下去。"

二、谈数学教育研究的印象

外来理论和本土文化相结合

李秉彝先生说,佛教起源于印度,然而却能够在中国生根开花,很重要的一条就是和中国传统文化的融合。数学教育也应该如此,比如说,现在都强调数学必须和生活实际相结合,其实中国古代就已经孕育了这种观念,你看《数书九章》中的每一个问题不都是解决实际问题的吗? 因此,从事数学教育研究的同行都应当注意这个问题。再好的理论或者做法，在美国可行，但是在中国或者在新加坡就未必可行，反过来，也可能如此。我们不能生搬硬套，要学鲁迅先生提倡的"拿来主义"，要洋为中用。

"十分钟把我说服"

李秉彝先生认为数学教育研究一定要有说服力，让人相信你所说的、所做的是对的、合理的、可信的。那么有一条简单易行的标准就是"十分钟把我说服"，如果你花了两个小时，或者更长的时间，勉强让别人相信，那么这就等于说你所说的、所做的没有说服力。对于这一点，我是深有体会。当时博士论文的研究框架一时定不下来，颇费脑筋。某周一下午去见李先生，他笑着说："今天如果十分钟把我说服，你就请我喝咖啡。"当我说到五分钟的时候，他起身，拉着我说："喝咖啡去!"接着是俩人哈哈大笑。仅花一块钱，喝咖啡庆祝，我想这恐怕是世界上最经济的庆贺方式了。

研究要透明

数学教育研究提供的数据一定要充分、透明，让人一目了然，这是李秉彝先生的鲜明观点。他曾经有一个生动的比喻，他说这好比两个人算账，所有的账目一定要全部放在桌面上，一是一，二是二，不要在台底下踢脚，让别人蒙在鼓里。数学教育研究其实也是这样的，提供的数据一定要充分，全部拿出来，别人问的时候，你可以指给他看，在这里，或者在那里。千万不要等别人问过了之后，你才拿出来，这样人家就会怀疑你的真实性。

结论要客观

在教育研究中，最后下的结论一定要客观，这也是李秉彝先生反复强调的。他说，什么是客观? 比如说，10 点你在 A 地，朋友打电话给你，问几时才能到 B 地? 如果你告诉他，我 12 点到，这个结论不客观，路上会出现许多意想不到的事情，很难保证 12 点能够到达 B 地。你应该告诉他，我现在 A 地，正在出租车上往 B 地方向赶，这是客观的。在数学教育研究中，也要注意类似的情况，给出的结论一定要客观，有一说一，不要凭空发挥，看到了一就说十不好，主观推测一定要当心。

李秉彝先生生活中还有许多小故事，如穿皮鞋不穿袜子，吃菜只吃素食。你问他"为什么……"的时候，保证他会有很多的道理告诉你。他在家里收藏了许多线装的中国古籍,线装本的《唐诗三百首》都有,弥足珍贵。其中有一首常建的诗,我特意指给李秉彝先生看,因为我那时还在诗句描述的小城工作,我也真心希望有机会能请他来"曲径通幽处,禅房花木深"的山中游乐一番,再听他说"三国演义"。

润物无声

南京师范大学　金海月

　　初识李秉彝老师是在 2005 年李老师带团到访南京师范大学期间。那次接触让我有机会了解到新加坡南洋理工大学国立教育学院（NIE）和新加坡的数学教育，进而萌生了到新加坡读博的想法。申请读博的过程有些波折，李老师将之形容为"这扇门一会儿开，一会儿关，你只管往前走就好。幸运的是，当你走到门口时，它是开着的"。这背后，李老师和相关老师作出了哪些努力，他们至今也未跟我提起。就这样，我来到国立教育学院，得以有机会经常与李老师接触，听他讲述各种故事，感受他润物细无声的博爱与智慧。

2005 年，李秉彝先生带团到访南京师范大学

　　国立教育学院的全日制研究生有一个共用的研究室,是来自新加坡、中国、马来西亚、印度尼西亚、菲律宾、斯里兰卡、孟加拉国、伊朗等地的学生学习与工作的主要场所。初来乍到,如何适应并融入新的环境,对异地求学者而言是第一重考验。同学中,来自菲律宾的安娜(Anne,教育政策与管理专业)与来自印度尼西亚的阿托克(Atok,数学专业)也是通过李老师牵线搭桥来到新加坡的。得益于李老师的前期铺垫,在我还没到新加坡之前,他们便熟悉了海月(Haiyue,我)。安娜和阿托克带着我很快融入了他们这个小集体,我们一起亲切地称李老师 Prof. Lee(李教授)。对我们而言,有 Prof. Lee 在,没有克服不了的困难和解决不了的问题。

安娜和我

阿托克和我

　　不知何时起形成约定,Prof. Lee 基本上每隔一两周都会安排时间跟我们一起午餐,有时是在学校食堂,有时是驱车到新加坡有特色的大街小巷。这样的时光很轻松,没有固定主题,我们会聊身边发生的有趣事情、谈读博期间遇到的困扰、分享各自国家的风土人情,更多地,我们愿意听 Prof. Lee 讲述他早年对戏剧的热爱、与南洋大学辩论队的机缘、怎么会选择数学专业、学习英语日语法语等语言的经历、为何会去非洲工作等等,还有他工作生活中遇到的人与事以及他的应对。Prof. Lee 以这种方式关心着我们的学习、生活,也潜移默化地影响着我们。现在每每回想,都能从 Prof. Lee 的讲述和与他的相处中品味出不一样的收获。

　　这是一种坚持。Prof. Lee 坚持的有"大事",例如,在还没有互联网和电子邮件的时代，与中国数学界多年不间断的信件往来，这些信件还一摞摞地保存着；近些年，与数学教育界多位老师频繁交流的电子邮件也都一一打印整理在案头。Prof. Lee 坚持的也有很多"小事"。我在新加坡学习的前期，高强度的英文文献阅读和学术论文撰写带来一个"副作用"：我的口语表达变得"文绉绉"的，会出现不少书面表达中才会用到的语句，口语水平有待提高。Prof. Lee 给我介绍他早年学习外语的做法，建议我可以多看报纸，留意报纸中言简意赅的标题，尤其推荐《周末时报》(*Sunday Times*)中一位专栏作家的文章，其特点是善用简洁的语句讲述身边的小故事，与学术化的表述截然不同。之后的每个星期，Prof. Lee 都会特意留下家中这份报纸的这一版面，在见面时带给我，几年来从未间断，即便在我回国等待论文答辩的几个月里，这些版面他也一一帮我留着。我们还曾一起搜寻过南洋理工校园里仅剩的几棵红豆树，在 Prof. Lee 家的附近也意外地发现了一棵，每次路过，我都会去树下捡一些红豆。博士毕业两年后，再次回到新加坡，见面时，Prof. Lee 从随身的白色帆布会议包里拿出一个小铁盒递给我，是一个装满红豆的小铁盒，他还记得我的这个小喜好，至今想起仍是满满的感动。珍藏在我心中这样的事例还有很多很多。Prof. Lee 便是如此温暖、真诚的一位长者，与他的头衔、地位无关。

导师黄冠麒教授和我

在学习上，Prof. Lee 会关心我们与导师的有效沟通以及研究工作的顺利开展。他有几个忠告或者说是策略，至今记忆犹新。第一、表述观点，如果第一遍导师没有理解，不要简单地重复说过的话，试着换一种方式表述；或是什么也不用说，回来重新梳理。因为导师最为熟悉你的研究，如果连导师都存在疑惑，那思路或表述一定存在问题。第二、怎么让导师接受你的提议？就好比你要把商品 A 卖出去，并不是一味地强调 A 有多好，你可以将 A 和 B、C 放一起,通过比较,发现 B 和 C 有哪里不合适,而 A 虽然不完善,但跟其他的相比,还是不错的,这种情况下,对方就比较容易接受你的提议 A,这是一种"销售的技巧"。第三、做一个重要决定,想好之后建议先放一放,说不定第二天早上你会有新的补充甚至改变主意。第四、多跟身边的人说一说你的论文,你的研究思路、研究发现,在表述的过程中总会有所收获。有时候,对方会提出些问题,不一定要回答或解释,这些问题本身就有助于对研究作进一步思考,并且在正式场合作报告时,由于这些内容你已经讲过很多遍了,会更驾驭自如。

在 NIE,Prof. Lee 是大家的咨询人(Reference Person)。遇到困惑或难题,大家总想听听他的分析,虽然很多时候,Prof. Lee 不会提供直接的答案,但他的分析和点拨总能让人豁然开朗。我想,这也可能是这么多年,大家一直都不舍得他退休的原因之一。2007 年,Prof. Lee 古稀之年,我刚到新加坡,他就说快退休了,工作时间从开始的全职调整到每周只到校 3 个工作日(Half Time);2012 年左右,他说真的要准备退休了,并开始陆续整理办公室的书籍、物品;直到 2017 年,他还没能"如愿"退休,每周还有 1 天的工作日。这个工作日基本是严格执行的,因为大家会"监督"他,像叮嘱家中长辈一样,在"非工作日"不应该过来工作。Prof. Lee 幽默风趣,很有感染力。在 NIE 数学系,如果 Prof. Lee 不在办公室,要想找到他还有一个小的窍门:你可以在数学系转一转,听一听哪边有爽朗笑声,循着声音去,差不多就能找到他了。

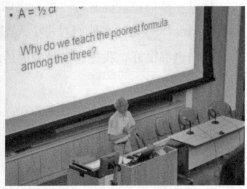

2007 年,Prof. Lee 七十寿辰期间,新加坡数学教育协会举办相关会议
(左图为当时的系主任黄冠麒教授,右图为正在作报告的 Prof. Lee)

生活中,Prof. Lee 也有很多趣事。他曾开玩笑似的说起早年跟李夫人(Mrs

Dear Prof. Lee,
Happy Birthday to you.
Haiyue

Lee)的家庭分工：Mrs Lee 负责家务事情，他负责三个孩子的学习教育。后来，Mrs Lee 发现自己上当了，因为孩子都长大不再需要指导学习，而家务事情还在。但即便现在，如果要去 Prof. Lee 家里作客，Prof. Lee 答应了不算数，得征得 Mrs Lee 同意才行，这也是他对早年约定的坚持。Prof. Lee 的生活很有规律，一般早上 6:30—7:00 左右会在家附近的一家小店吃早餐，周末上午会在他的第二办公室——Prof. Lee 家附近的一家咖啡店（Great World City 的 McCafe）看书……Prof. Lee 的一位朋友曾在新加坡的一份报纸上提到他的这一作息习惯。一次，有人参照这一信息试图到这家咖啡店找 Prof. Lee，出现在 Prof. Lee 面前很不确定地问他认不认识李秉彝。Prof. Lee 想着："我当然认识我自己啊！"便回答"认识"，哪知对方走开了，估计是通过这一回答对方确定了面前这位不是他想找的人。每每聊起此事，我们都会哈哈大笑，笑称只有数学教授才会这么 1 是 1、2 是 2 地回答问题。

往事一幕幕，想说的很多，想表达的感恩与祝福也有很多。我们曾问 Prof. Lee 和 Mrs Lee，为什么他们对每个人都这么好？他们的回答很质朴：因为每个人对他们也都很好。我想这便是爱的传承吧！与其回报，不如将之传递！

第七章

李秉彝的东南亚数学教育回眸

　　李秉彝先生从事数学和数学教育的组织工作是从东南亚开始的,众所皆知,东南亚不同国家和地区的政治、文化背景差异很大,数学及数学教育如何依靠社会文化背景获得发展是一个很值得探讨的问题,对我们国内的数学及数学教育也有很大的启发。李先生是如何通过个人的努力使东南亚不同国家和地区的数学及数学教育能够协调发展,这从本章的相关回忆中可以得到一些启迪。本章的不少内容在我们国内还是首度发表,材料非常新鲜。可以这样认为,我国大部分学者对东南亚的数学及数学教育还是知之甚少,故笔者在李先生的支持下,将这些内容奉献给读者。由于笔者自己对东南亚的数学及数学教育也了解不多,所以,只能根据李先生所提供的文章进行翻译和编辑,加上水平、时间等原因,可能会出现一些纰漏,希望读者能够谅解!

东南亚的数学教育

一、早期

东南亚是指印度以东、中国以南、巴布亚新几内亚以西和澳大利亚以北的陆地地区，中国人也称之为"南洋"。现在，该地区的国家被称为"东盟国家"（东南亚国家联盟），包括文莱、柬埔寨、印度尼西亚、老挝、马来西亚、缅甸、菲律宾、新加坡、泰国、越南。东帝汶不是东盟成员国。

在欧洲殖民统治之前，东南亚的王国非常强大。西班牙人早在 1521 年就来到菲律宾宿务，葡萄牙人于 1511 年到达马来西亚的马六甲，其次是荷兰人，后来又是英国人和法国人。除泰国外，该地区所有国家都从 16 世纪到 19 世纪逐步变为殖民地。印度支那的国家，即越南、老挝和柬埔寨，是法国的殖民地；缅甸、马来西亚、新加坡和文莱是英国的殖民地；印度尼西亚是荷兰的殖民地；菲律宾则先后成为西班牙和美国的殖民地。由列强分割的国家边界不一定是原始国家的自然边界。

在欧洲成为这片地区的一部分之前，最强的影响主要来自中国和印度。很多在世界各地旅行的中国移民定居在东南亚（南洋）。位于中爪哇的佛教寺庙婆罗浮屠，就是印度影响印尼的证据。另外，伊斯兰信仰通过印度次大陆传到印尼；阿拉伯人中的海员和商人也经常光顾该地区。中国人和阿拉伯人在龙牙门（毗邻新加坡的拉布拉多公园的一个天然海港）上留下了他们的遗迹。

同时，殖民国家也留下了他们的遗产。例如，越南语就由法国的天主教牧师书面记载；塔加拉族语是菲律宾常见的方言，它包含许多西班牙语词汇；马来语和印尼语，最初是用阿拉伯文写的，它们使用的英语和荷兰语的字母也被古罗马化了。毫无疑问，它们的拼写在多年后被统一了。当然，还有许多其他的例子。

在那个时候，上学是一种特权，学校的男生比女生多。除泰国以外，其他国家殖民地政府、传教士和当地社区只提供了小规模的教育。毕业后，学生们为政府工作是很平常的事，学校语言是殖民地政府使用的语言，但在泰国除外。当时，数学是仅次于语言教学的第二重要学科，就教育体制而言，有两个阵营：英国和欧洲大陆（虽然很难用几句话来描述这些差异，但是在日常生活和东南亚国家的教育发展中，仍然可以看出盎格鲁—撒克逊和拉丁文化之间的差异）。菲律宾不属于这两个阵营中的任何一个。美国于 1898 年接管菲律宾，他们从 1901 年开始，建立了诸多的公立小学和中学。因此，菲律宾就遵循了美国的教育制度。

然而，泰国走了一条不同的道路。朱拉隆功（Chulalongkorn，1853—1910）国王（或称国王拉玛五世）有许多儿子，他将他的儿子们送往英国、法国、德国和俄罗斯接受教育。后来，现代教育制度被带回了泰国，它融合了英国和欧洲大陆的传统。二战后，相较于菲律宾的教育制度（如上所述），泰国的教育似乎更加美国化，但学校语言一直采取泰语。泰国的教材及教师均采取本土化的策略。然而，有时他们也使用外国课本，例如：由霍尔（H. S. Hall）和斯蒂芬（F. H. Steven）（1917）编写的校本几何教材。

那个时候的整个东南亚地区，教学大纲几乎被教科书所左右，而教科书通常都是舶来品。中学课本通常由例题和练习组成：老师先讲解例题，然后学生做练习。例如，在新加坡，使用的教材包括由杜瑞尔（Durell）撰写的《普通数学》（1946，于 1910 年左右首印）和范（H. B. Fine）编著的《大学代数》（1904）。《大学代数》在美国出版，后被翻译成中文，并被新加坡的中文学校 11 年级所采用。

很多细节往往仿效国外的做法。例如，仿效英国，乘法表中的最大数通常是 12 乘 12，而不是 10 乘 10。教师也往往是从外地招募来的。

总之，西方列强给东南亚带来了贸易和近代（西方）教育。值得一提的是，在外人到来之后，该地区的联系更加紧密和团结。

二、独立后的东南亚各国教育

第二次世界大战后，东南亚的每个国家都独立了，教育的目标也改变了。教育不再是少数人的教育，而是所有人的教育。独立之后，每个国家都经历了一个重建时期,人们花更多的精力建造更多的校舍。最初,学校学生的流失率是比较高的,许多学生没有完成十年的教育,他们在 8 年级甚至更早的时候就辍学了。

从 5 岁到 7 岁之间的小学入学年龄,逐步形成统一的说法:6 岁。进入大专院校之前的学习时间从 10 年到 13 年不等,平均为 12 年。打算在新加坡的大学学习理科的学生,通常在学生时代,要比其他学生花更多的时间在数学上。这是通过允许这批学生修读两门数学考试科目——典型的英国做派,来完成的。总的来说,一些在英国流行但后来取消的做法在新加坡继续存在。在这一时期,数学内容和教学方法都没有发生什么大的变化,直到我们接下来要讨论的数学(教育)改革。

大多数国家的教学语言从外语改为本土语言。例如,在菲律宾,使用英语。在新加坡,官方学校使用英语,而其他学校使用其他语言。从 1976 年开始,要求科学和数学在新加坡的所有学校都用英语来教学和考核,到 1984 年全面实施。在泰国,有时使用英语教科书,但教学及管理一直使用泰语。二战后,在印尼的大学里,数学最初是用荷兰语教授的,荷兰老师退出后,美国老师用英语教了两年左右,最后才用印尼语。此外,还应提到缅甸从 1991 年开始给 9 年级和 10 年级学生使用英文版的科学和数学教材(AYE,2010),然后改为缅甸语和英语。大约在 2010 年,印尼和马来西亚也尝试用英语教授数学。

教师们在本国受训,于是就有了自己的师范学院。起初,学校没有正式的"分流"或"专项培养",教师技能较弱的学生通常是通过同行之间的交流而成长起来的。后来,学校引入了分流制度。

螺旋式数学教学法早在 1959 年就在新加坡实施(螺旋式教学法是指先在一个年级的水平上讲授一个课题,然后又在一个较高级别的水平上重复同一个课题)。螺旋式教学法直到多年后才得到充分实施。菲律宾最初并没有采用螺旋式的教学方法,而是在数学(教育)改革之后才这样做的。值得注意的是,菲律宾最近又恢复了以前的非螺旋式教学,因为他们发现一年教授代数,另一年教授几何,比用螺旋式方法更容易训练教师分开教授课题。

总之,二战之前,东南亚国家继承或采用西方教育模式。二战后,这些国家尽管独立了,但数学教学与独立前没有太大的区别,殖民化以不同的方式显著地影响着当地文化的发展。从某种意义上说,东南亚国家的教育在本土化和传统文化上的进展还是举步维艰的。

三、数学(教育)改革

在过去的 50 年中,就数学教育而言,最重要的事情就是数学(教育)改革。美国和西欧的数学(教育)改革始于 20 世纪 60 年代甚至更早,而东南亚的数学(教育)改革从 20 世纪 70 年代开始。尽管改革在数学课程和数学教学中留下了不可磨灭的印记,但是东南亚一些国家的数学界仍对它感到失望。也就是说,并非所有东南亚国家都受到数学(教育)改革的影响。

数学(教育)改革来到东南亚,新课程标准、新教材和大规模的教师再培训,都是为了教授新的数学。令人难忘的事件是,东南亚第一届关于数学教育的会议于 1978 年在菲律宾马拉尼举行。本次会议的主题是数学(教育)改革。组织这次会议付出了很大的努力,另外,许多项目紧随其后,包括出版新教材。

教材内容发生了重大变化。例如,新加坡将"集合"的概念放到了 7 年级,而马来西亚则放到了 1 年级的教科书上;在几何学中,除了"线"一词外,还使用了"线段"一词,除了"角度"一词外,还使用了"角度的量度"一词;不同国家分别采用了"减 3"(−3)和"负 3";另外,强调了交换律、结合律和分配律。这些术语在后来大多消失了,但"线段"一词和韦恩图却保留了下来。简言之,数学变得更加结构化和正规化。各国都进行了不同方式、不同程度的改革。一般说来,菲律宾的改革是最深远的,新加坡的变化是最少的。

在内容上主要的变化是在几何部分。几个世纪以来,教几何学等同于教证明。这种方法在很大程度上被放弃,并引入了一定数量的变换几何。因此,初中几何变得既不是变换几何,又不是经典几何,这种观念一直持续到改革结束。人们试图将变换概念引入小学,因此,"拼图"写进了小学教学大纲。

力学逐渐被统计学所取代,"英国阵营"中的统计学比"欧洲大陆阵营"中的统计学要多。在初中数学阶段,均值、标准偏差和假设检验都被包括在内。统计也在小学数学阶段以图表的形式呈现。

线性规划也包括在新的教学大纲中,以此来证明数学是有用的。初中生可以利用坐标平面来解决由两个变量控制的线性规划问题。当时在基础教育阶段教高等数学是很时髦的,即使是在线性规划的案例中,学校所提供的问题解决方法也与实际情况有很大的出入。

二进制没有写进教学大纲。然而,数值分析是高中阶段的一个内容,但持续时间不长。奎逊纳棒(古氏数棒)用于小学教四则运算,尽管它们并不受欢迎。与此同时,代数也首次出现在小学高年级。

在许多西方国家,新的内容与一些新的教学方法几乎同时出现,但并不是所有的这些教学方法就立即在东南亚流行起来了。具体来说,所谓的发现法(简单地说,发现法是教师不直接给学生公式,而是给他们机会去发现公式的方法)没有被人们接受,但是,发现法影响了数学教育的进一步发展。在上世纪80年代甚至更早以前,问题解决是教学大纲的中心。在某种程度上讲,解决问题是一种引导发现。

由于引进新的教学内容,教师培训是当务之急。为了迅速培训教师,组织了专门的培训班。虽然设计并公布了教学大纲,但直到三年后,所有的学校才都实施了所谓的新数学教学。

教材由商业出版社或国家负责,有些由本地作家编写,有些则由外国教科书改编,使得这些教科书的使用时间都很短。它们不仅不再在课堂上使用,而且这些教材中新引进的素材很多在以后的教科书中均消失了。

当然,东南亚国家在数学改革过程中有些差异(以上主要讨论了新加坡的经验),但一般来说,所有参与改革的国家所讨论的问题都是一致的(LEE, 2008)。在美国加州大学伯克利分校举行的国际数学教育大会(1980)上,有一种提法叫"回归基础"(ICME, 1980)。在东南亚和其他国家进行数学改革,数学的教学要求下降了,特别是学生在代数运算方面更弱。总的来说,数学(教育)改革的结果是不尽如人意的,当然,数学(教育)改革加速了教学大纲、教材和师资培训的明确定位。在这些方面,东南亚国家进行的数学(教育)改革改变了数学的课堂教学方式,这一直是东南亚数学(教育)改革的一个不可否认的积极方面。

四、回归基础之后

数学(教育)改革历时12年,当人们认识到他们在做无用功而不得不停止时,改革才在上世纪80年代初结束。虽然在数学(教育)改革期间引入了许多新内容(例如,韦恩图和统计),但数学教学的形式化方法被所谓的问题解决方法取代了。在随后的几年里,内容的变化较小,主要的变化在于课堂教学方法。

此时,东盟国家变得更加团结。在东盟国家中,数学家和数学教育者通过会议和访问(LIM-TEO,2008)使得彼此的联系更加密切。在 2002 年,SEACME 并入 EARCOME,该地区的教育工作者开始在其他地方寻找灵感,包括邻近的国家。在撰写本文(2012 年 1 月)时,东南亚各国已主动采取了许多行动,其中三项如下。

印尼的现实数学教育(Pendidikan Matematika Realistik Indonesia,简称 PMRI)。该项目于 1998 年开始,在荷兰教育工作者的帮助下于 2001 年获得正式资助。它的目标是为印度尼西亚的课堂教学带来变化(SEMBIRING,HADI,DOLK,2008)(SEMBIRING,HOOGLAND,DOLK,2010)(LEE,2011)。

菲律宾仿效新加坡。菲律宾仿效新加坡数学和科学教师的培训方式(NEBRES,2008)(LEE,2011)。

2013 年的新大纲。新加坡在 2007 年有了新的教学大纲,这个教学大纲于 2013 年修订,在教学方法上有更多描述,其中有一项是推进数学建模(Ministry of Education,2012)。

显然,东南亚国家正在给自己创造机会,并在寻找适合各自的方式以应对来自数学教育的挑战。

参考文献

AYE K K, 2010. Mathematics education in Myanmar. Proceedings of International Conference on Mathematical Analysis, 7 - 9 December, 2010, Bangkok, Thailand.

ICME, 1980. Marilyn Zweng, Thomas Green, Jeremy Kilpatrick, Henry Pollak and Marilyn Suydam (eds). Proceedings of the Fourth International Congress on Mathematical Education. Birkhäuser, 1983.

LEE P Y, 2008. Sixty years of mathematics syllabus and textbooks in Singapore (1945 - 2005). In Z. Usiskin, and E. Willmore (Eds), Mathematics Curriculum in Pacific Rim Countries-China, Japan, Korea, and Singapore (pp. 85 - 94). Charlotte, North Carolina: Information Age Publishing. [The publication is the proceedings of a conference held in Chicago in 2005.]

LEE P Y, 2010. My story of realistic mathematics in Indonesia. In R. Sembiring, K. Hoogland, and M. Dolk (Eds), A decade of PMRI in Indonesia (pp. 29 - 32). Bandung, Utrecht: APS International.

LEE P Y, 2011. A passage of 40 years in mathematics and mathematics education. In Ma. Assunta C. Cuyegkeng and Antonette Palma-Angeles (editors). Defining Filipino Leadership, Ateneo de Manila University Press 2011; pp. 115 – 123.

LIM-TEO S K, 2008. ICMI activities in East and Southeast Asia: Thirty years of academic discourse and deliberations. The first century of the International Commission on Mathematical Instruction (1908 – 2008), pp. 247 – 252. See, also, http://www. unige. ch/math/EnsMath/Rome2008/

Ministry of Education Singapore, 2013. 2013 Mathematics teaching and learning syllabus. http://www. moe. gov. sg/education/syllabuses/

NEBRES B F, 2008. Centers and peripheries in mathematics education. The first century of the International Commission on Mathematical Instruction (1908 – 2008), pp. 149 – 163.

SEMBIRING R, HADI S, DOLK M, 2008. Reforming mathematics learning in Indonesian classrooms through REM. ZDM-The International Journal on Mathematics Education, 40(6), 927 – 939.

SEMBIRING R, HOOGLAND K, DOLK M, 2010. A decade of PMRI in Indonesia. Bandung, Utrecht: APS International.

东南亚和东亚地区数学教育大会的回忆录①

  本文②记录了我 35 年来在东南亚、东亚地区数学教育会议中所经历的点滴回忆。首先，我想从这些会议何时开始，如何起家，为何发起开始讲。

  那是 1978 年，首届东南亚数学教育大会（SEACME-1）在菲律宾首都马尼拉召开，这也正是数学教育改革浪潮席卷东南亚的时候。会议一共吸引了一千余名与会者。事实上，那次会议前后还开展了很多活动，大家都说，即便这次会议最后没能召开，会议准备期间所付出的努力和得到的收获也是十分值得的。

  马尼拉的会议是由日本的河田敬义发起的。他在 1975—1978 年期间，担任国际数学教育委员会（ICMI）的秘书长。我当时是代表东南亚数学会（SEAMS）去见河田先生的。1976 年我在东京会见了河田先生之后，从日本起程回国。途中，我停留马尼拉，菲律宾的比安弗尼多·尼贝雷斯举行晚宴盛情款待，而那次会议的举办也就是在当天的晚宴上确定下来的。

  1978 年的那次会议，有如此多的人参加，表明大家对会议表现出了极大的兴趣。在会议中，与会者讨论了很多问题，特别是由于数学教育改革带来的教师培训和教科书编写的问题。大家知道，1972 年，第二届国际数学教育大会（ICME-2）在英国埃克塞特召开，东南亚只有两名代表参加。事实上，第一届国际数学教育大会（ICME-1）是欧洲的盛事。第三届国际数学教育大会（ICME-

① 李秉彝. 东南亚和东亚地区数学教育大会的回忆录[J]. 邵立科，屠晴雯，黄兴丰，译. 数学教学，2016(9)：1-3.

② 本文是李秉彝先生在第六届东亚地区数学教育大会上的发言稿。李先生原任教于新加坡南洋理工大学国立教育学院，现已退休。本文初稿由邵立科、屠晴雯翻译，黄兴丰在初稿的基础上进行了修改和校正，李秉彝先生最后校对了全文。

3)在德国卡尔斯鲁厄召开,那时,东南亚的人很难参加这样的国际会议,而且,这些会议所讨论的话题不是我们所关心的,而我们感兴趣的话题也不是那些与会者关心的。因此,举办地区性的会议就显得格外有意义了。历经35年时间的检验,证明我们当年这样的举措是很有必要的。

(一) 东南亚数学教育大会

在首届东南亚数学教育大会成功召开之后,紧接着在1981年,第二届大会在吉隆坡召开,后来,每三年,会议就会在东南亚地区的不同城市之间巡回召开,整整走过21年。1999年,第八届大会又回到了马尼拉,详细的会议召开地点请见附录。虽然这是地区性的会议,但是这些大会都是由东道主国家带头筹划的。

东南亚数学教育大会的准则是一国组织、多国参与,更精确地说,会议由主办国组织,确定大会的主题,然后和东南亚各国分享。这条准则,一直保留至今。

我们认为,大会并不是一定要去一个能为之精心准备的地方来召开,而是要把这样的会议带到一个真正需要它的地方,可以帮助主办国和周围邻国一起促进数学教育的发展。这是大会的目标,旨在为东南亚地区相互交流与合作搭建平台。

我记得,我们曾经也邀请了不少来自远方的朋友,共同参加我们的会议。来自波兰的数学家兹比格纽·瑟马蒂尼(Z. Semadeni),他曾撰写过拓扑学的著作。在第一届东南亚数学教育大会上,他就小学数学教育的话题,进行了演讲。我们也曾邀请过巴西的乌比拉坦·德安布罗西奥(U. D'Ambrosio),他在南美洲作了很多贡献,国际数学教育委员会(ICMI)在2005年授予他克莱因奖。我们也欢迎中小学的教师参加大会,在泰国合艾举办的第三届大会就是一个很好的佐证。这次大会,中小学教师来得特别多,他们聚集一堂,共同讨论他们感兴趣的话题。

河内举办的那届大会吸引了不少来自中国的代表。中国的张奠宙教授参加了那届大会。我们也曾经邀请中国的王寿仁和龚升教授参加了第二届大会。后来,直到第四、第五届东亚地区数学教育大会(EARCOME-4、EARCOME-5,其中EARCOME是East Asia Regional Conference or Mathematics Education的简称),才有更多中国面孔的出现。

我还记得一些逸事。比如,新加坡的许泽鸿在第四届大会上,首次提出"模型图"的方法。每次大会都得到了主办国的大力支持,文莱的苏丹宣称1990年就是他们的数学年,东爪哇省的省长,泗水的市长,以及泗水三所大学的校长,在第六届大会上，每天会议结束后，都会举办晚宴招待我们，还伴有歌舞。

东南亚数学教育大会是由东南亚数学会发起的最受欢迎的会议。亚洲数学大会（AMC），也是由东南亚数学会发起的。第一届 1990 年在中国香港举行，那时，中国香港还属于东南亚地区。2016 年将在印尼召开。

（二）东亚地区数学教育大会

1998 年首届东亚地区数学教育大会（EARCOME－1）在韩国举行，会议的地点是韩国国立教育大学。会议设立大会程序委员会，从此以后的历届会议都开始仿效。会议是由韩国朴汉植、卢熙灿共同领导的一个团队组织的。其实之前，还有两次东亚地区数学教育会议也就是国际数学教育委员会-中国地区数学教育会议，分别在北京和上海举行。

正是因为有许多人不懈的努力，才使第一届国际数学教育委员会-中国地区数学教育会议得以顺利召开。除了会议主持人钟善基（中国）和丁尔陞（中国）之外，我们还应该记住藤田宏（日本）与杰瑞·贝克（美国）的全力支持。日本有不少学者参加了会议，中国台湾也有一个代表团参加。这是中国在数学教育上第一次与国际团体进行合作。第二次会议在上海举行。会议中优秀的演讲者足以列出一个很长的名单，其中有一位是印度学者。特别地，澳大利亚也派出了一个强大的代表团参加。1997 年应该还有一次会议，但未能如期举行。因此，我们就去了韩国。

2002 年，在第二届东亚地区数学教育大会（EARCOME－2）上，东南亚数学教育大会与之合并，形成了新的东亚地区数学教育大会，一直到今天。这是从东南亚向东亚自然扩展的过程。我们可以从中看到，新的大会更加定位于研究，变得更加国际化，也有一批固定的支持者。此外，会议也为东道主国家更多的人提供了机会，让他们参与到会议中来。

第三、第四届东亚地区数学教育大会（EARCOME－3、EARCOME－4）的举办地是在同一时间宣布的，这是一件很有意思的事情。因为当时有两个国家申办，他们的申请都被接受了，于是就由他们依次举办这两届会议。

2013 年，在历经 35 年的发展之后，我们在普吉所看到的是一届成熟的、全面的大会。关于东南亚、东亚地区的数学教育大会的事情还有很多，不过我却只能回忆起这其中的一小部分。

　　每一届大会都有论文集出版。如果我们能对会议邀请的报告，以及出版的会议论文做一个元分析，这是一件非常有意义事情，从中我们可以反思本地区数学教育发展的历程。

（三）展望

　　一切都十分顺利。东南亚数学教育大会在东南亚七个国家转了一圈。从1978年开始，大会每三年举办一次。2002年，东南亚数学教育大会与东亚地区数学教育大会在新加坡合并。

　　早年的时候，遴选会议举办地的委员会负责人为了保证会议的如期进行，不得不奔波于不同的城市之间。近几年，申办会议的国家要比申办的会议还多。东南亚数学教育大会基本上是一个区域性的会议，然而东亚地区数学教育大会的规模更大，吸引了本地区以及国际上更多的人来参与。此外，会议的结构也效仿国际数学教育大会，同时也更具地区特色，为本地区内外的数学教育工作者和教师，以及对此感兴趣的人士，建立了一个交流的平台。它与国际数学教育大会相辅相成，也总是欢迎更多的中小学教师参与其中。

　　现在发生的许多事情，我们甚至可以追溯到以前会议上的交流与合作。比如，1994年，上海会议的交流，促进了印度尼西亚的现实数学教育（Pendidikan Matematika Realistik Indonesia 或 Realistic Mathematics Education in Indonesia，简称 PMRI）的改革（详见参考文献[3]）。

　　35年之后，对于未来的东南亚、东亚地区的数学教育大会，我们希望可以看到如下3个方面的进展：

- 希望会议能在东亚和东南亚的更多城市召开，包括大湄公河地区。
- 在数学教育中，研究与发展应当更加紧密地联系在一起。也就是说，不仅是数学教育的研究，也应当是数学教育的实践。
- 希望和早期的会议一样，有更多的数学家能参与到会议中来。

　　最后，感谢泰国梅特利·印帕拉西塔（M. Inprasitha）的邀请，让我有机会能在2013年普吉举办的会议上，讲一些有关东亚地区数学教育大会的历史，从而也促成了本文。我在此想把更多的空间，留给其他的研究者和研究生，希望他们能够更全面地撰写有关东南亚、东亚地区数学教育大会的报告和论文。

参考文献

［1］ LEE P Y. A glimpse of SEACME, ICMI Bulletin 33, Dec 1992.

［2］ LIM-TEO S K. ICMI activities in East and Southeast Asia: Thirty years of academic discourse and deliberation. http://www. unige. ch/EnsMath/Rome2008/.

［3］ LEE P Y. Mathematics education in Southeast Asia. In Handbook on the history of mathematics education, ed. AlexanderKarp and GertSchubring, 384 - 388. New York: Springer, 2014.

附录 1978 年—2015 年会议记录

1978 年	第一届东南亚数学教育大会	菲律宾马尼拉
1981 年	第二届东南亚数学教育大会	马来西亚吉隆坡
1984 年	第三届东南亚数学教育大会	泰国合艾
1987 年	第四届东南亚数学教育大会	新加坡
1990 年	第五届东南亚数学教育大会	文莱班达尔斯里巴加湾
1991 年	国际数学教育委员会 -中国地区数学教育会议	中国北京
1993 年	第六届东南亚数学教育大会	印度尼西亚泗水
1994 年	国际数学教育委员会 -中国地区数学教育会议	中国上海
1996 年	第七届东南亚数学教育大会	越南河内
1998 年	第一届东亚地区数学教育大会	韩国忠清北道
1999 年	第八届东南亚数学教育大会	菲律宾马尼拉
2002 年	第二届东亚地区数学教育大会 暨第九届东南亚数学教育大会	新加坡
2005 年	第三届东亚地区数学教育大会	中国上海
2007 年	第四届东亚地区数学教育大会	马来西亚槟城
2010 年	第五届东亚地区数学教育大会	日本东京
2013 年	第六届东亚地区数学教育大会	泰国普吉
2015 年	第七届东亚地区数学教育大会	菲律宾宿务

过去 40 年的数学和数学教育[①]

在尼贝雷斯(B. F. Nebres,又名 Ben Nebres)[②]离任马尼拉雅典耀大学
(Ateneo de Manila University)校长一职并退休之际,我提笔回顾过去 40 年来我
和他之间的 10 件事,其中每一件事仍历历在目。1972 年初,我第一次在新加坡
遇到他,随之发生了一系列的事,包括在菲律宾当地联合培养博士,在马尼拉
(Manila)召开数学与数学教育会议。在过去的五年中,Ben 一直忙于培训教师,
这些教师来自雅典耀(Ateneo)中学和小学,以及该校的联合学校,甚至延伸到整
个菲律宾的马尼拉铁路公立学校。

(一) 第一次会议(1972)

东南亚数学会(SEAMS)于 1972 成立于新加坡,来自菲律宾的三名代表应
邀出席。那是 1972 年,也正是这一年,马尼拉发生了一场洪涝灾害。从新加坡
寄去的机票到达马尼拉邮局,但不是代表们亲自接收。神奇的是,Ben 是三个代
表中唯一一个克服所有障碍来新加坡开会的人。这拉开接下来 40 年里发生的
一系列事情的序幕。

SEAMS 由东南亚高等教育研究协会 (Association of Southeast Asian
Institutions of Higher Learning,简称 ASAIHL)发起。正是因为有香港大学的黄用
谞和新加坡南洋大学的郑奋兴的支持,他们才把想法付诸实施。黄用谞担任
SEAMS 的主席,郑奋兴是第二任主席。SEAMS 就像一把伞,将东南亚各个国家

[①] 这是李秉彝先生发表在马尼拉大学的文章: Ma. Assunta C. Cuyegkeng and Antonette Palma-
　　Angeles (editors). Defining Filipino Leadership, Ateneo de Manila University Press 2011;
　　pp. 115 -123.
[②] 本文中,李秉彝先生称呼尼贝雷斯为 Ben。

和地区凝聚起来,共同促进数学和数学教育的发展。当时的成员有印度尼西亚、马来西亚、菲律宾、新加坡、泰国、越南和中国香港。在早期,是 SEAMS 主动组织活动。后来,变成了东道主的主动行为。

我们相信我们可以像发达国家那样相互学习。我们组织的会议能更好地满足我们的需要。我们在会上讨论的问题更符合我们眼前的利益。Ben 是 SEAMS 的第三任主席,他多年来一直与 SEAMS 保持联系,他作为该地区的发言人,多次在国际会议上作大会报告。

(二) 联盟(1974)

1974 年,菲律宾国立大学、阿托内欧大学和德拉萨大学三所大学正式成立联盟,为大学讲师和职前教师提供数学和科学硕士学位。Ben 多次参与该联盟的策划和运作。该联盟的成立至关重要。那时候很多人去美国深造,但很少有人回来。现在我们可以从联盟里看到许多硕士生,他们早年曾在菲律宾各地的大学担任要职。如人所料,现在菲律宾越来越多的大学有自己的数学、科学以及其他科目的研究生课程。

1974 年,我是菲律宾国立大学的 ASAIHL 的客座教授。我教的第一门研究生课程是泛函分析。在上世纪 70 年代末和 80 年代初,Ben 每年夏天都从南洋大学和马来西亚大学招收研究生并在马尼拉培养。同时,研究生也会到新加坡来享受图书馆等资源,并接受南洋大学教师的监督培养。大多数早期的毕业生都去过新加坡。

新加坡国立大学的周选星和我的 11 名博士生(目前为止已经毕业)都来自菲律宾。这 11 个学生一直在新加坡生活,但依然与菲律宾保持着联系。另外,来自雅典耀大学的两位在职进修人员分别于 2008—2009、2009—2010 学年在新加坡南洋理工大学国立教育学院(NIE)执教。

培训本土博士的过程虽然漫长但卓有成效。今天,我们在菲律宾看到了一个强大而充满活力的数学团体,我们所做的一切努力都是值得的。

(三) 图论会议(1975)

这是一个三方(SEAMS、法国和菲律宾)合作的会议。SEAMS 为会议命名,法国派来议长克劳德·伯格(C. Berge),马尼拉主办了这次会议。正如所料,Ben在组织会议上发挥了重要作用。会议帮助制定了数学研究方向,有助于与法国取得联系。这也是形成一个国际关系的开始,以便许多博士生可以到国外求学。

现在,数学分析、组合数学和其他很多主题定期在马尼拉举行活动。1975年的图论会议是一个开端。

(四) SEACME(1978)

这一系列的会议是由1975—1978年担任ICMI秘书的河田敬义提出的,ICMI是指国际数学教育委员会。我于1976年在东京与河田相识。在回家的路上,我在马尼拉停了下来。在Ben举行的晚宴上,我们决定第一届东南亚数学教育会议(SEACME-1)将于1978年在马尼拉召开。又与预期的一样,Ben在会议中发挥了重要作用。那时,我们都在进行数学教育改革,会议召开得很及时。回头看看我们为会议筹备的工作和会后的后续项目所作的努力,可以说即使会议没有召开,我们所做的一切也是值得的。况且,会议如期举行,而且每三年举行一次,它一直在东南亚地区的城市里持续了21年,包括:吉隆坡(马来西亚)、新加坡、合艾(泰国)、文莱、泗水(印度尼西亚),河内(越南),最后于1999年回到马尼拉。在由SEAMS发起的一系列会议中,SEACME是召开得最好的。后来它被扩展到中国、日本和韩国,并被称为"EARCOME",这将在下文再说。

我们所结交的朋友和我们在国际上建立的关系,有助于该地区数学和数学教育的发展。河田和后来的藤田宏,都是东京大学的教授,是我们在早期结交的两位国际友人,后来我们又交了很多朋友。

(五) 佛朗哥东南亚会议(Franco-Southeast Asian Conference)(1982)

除了日本,在早期给我们很大支持的另一个国家是法国。帮助与法国取得联系的是利翁斯,利翁斯分别在1991—1994年担任IMU的主席,在1975—1978年和1979—1982年担任IMU的秘书。第一届佛朗哥东南亚会议于1979年在新加坡南洋大学举行。十位来自法国的著名数学家在丢东涅(Dieudonné)的带领下来到新加坡。会议召开之前有两个研讨会,接下来,这成为后来几乎所有

SEAMS 会议的标准模式。第二届佛朗哥东南亚会议于 1982 年在马尼拉举行，与会人员有法国数学家布雷西(Bresis)等人、中国数学家王元和日本数学家藤田宏。Ben 因其在促进菲律宾与法国关系方面所作的贡献而被法国大使馆褒奖。他派学生到日本和法国，以及后来的许多其他国家包括澳大利亚和中国留学。

(六) ICMI(1983)

当我们组织区域活动时，我们意识到我们需要国际支持。日本和法国慷慨地派出最优秀的数学家来举办研讨会，并在会议上发言。联合国教科文组织(UNESCO)协助各区域参与者参加这些活动。为了获得联合国教科文组织的支持，我们需要一些国际组织如 IMU 和 ICMI 的支持。Ben 对我说，我们应该加入 ICMI 执行委员会，并且我们做到了。在 1983—1986 年间，Ben 是 ICMI 的执行委员会成员，我是 1987—1990 年、1991—1994 年期间的两届成员。必须承认，如果没有 Ben，我可能不会进入 ICMI。通过在 ICMI 建立的关系，帮助我们多次在南洋甚至东亚更远的地带成功地组织活动。

ICMI 是 IMU 下两个委员会中的一个。ICMI 是为数学教育工作者设立的国际机构，而 IMU 是为数学家们设立的。现在，几乎东南亚的每个国家都是 ICMI 的成员。1972 年在英国埃克塞特举行的 ICME 会议上，来自南洋的参与国只有两个。而 2000 年在东京举办的 ICME 上，东南亚国家踊跃参与，并通过 ICMI 一直活跃在国际舞台上。

(七) ICME(1988)

ICME 意为国际数学教育大会，是由 ICMI 组织的每四年一次的会议。ICME 是大会，ICMI 是举办 ICME 的组织机构。这是全世界数学教育工作者的重要聚会。Ben 于 1988 年受邀在匈牙利布达佩斯举行的 ICME 上作了一次大会报告。他讲话的主题是"上世纪 90 年代的学校数学：最近的趋势和对发展中国家的挑战"。那时我也参加了大会。

当时的数学教育改革的浪潮已经消退，人们还在休养生息，期待着另一个新的课堂教学方式变化的到来。尽管人们认为数学教育改革是失败的，但它带来了一些对发展中国家有利的变化。如果没有当时的数学教育改革，这种变化就不会发生,例如,教学大纲更新和本土教材的出版。

他在讲话中指出,有些问题是外部的,如经济、政治、文化和语言等。数学教育在生活中起着至关重要的作用。有时候,我们的未来取决于我们的选择。他阐述了从研究生培养中获得的经验,时代的变迁也是一个重要因素。他当时说的很多观点,现在仍然有效。现在情况可能已经改变了,但我们所面临的问题确实没有改变。

(八) EARCOME(2005)

EARCOME 是指东亚数学教育国际会议。首届会议于 1998 年在韩国举办,第二届会议于 2002 年在新加坡举办。2005 年举办的 EARCOME 是这一系列会议中的第三次会议。如果把分别于 1991 年在北京和 1994 年在上海举办的 ICMI 中国区域会议也包括在内,那么这将是这一系列会议中的第五次会议。在上海举行的会议期间,有五名老一辈数学家参加了小组专题讨论,分别是张奠宙(中国)、藤田宏(日本)、朴汉植(韩国)、尼贝雷斯(菲律宾)和李秉彝(新加坡)。事实上,原来还应该有一个老战友阿里芬(印度尼西亚)要参加。但是阿里芬不再和我们在一起了。在一次采访中,小组成员回顾了该地区过去在数学教育上发生的事情。有一件事是肯定的,多年来,许多事情的达成很大程度上是由于个人交往和长期以来个人之间建立的友谊。

东南亚国家有不同的文化,在西方列强到来前我们是一体的,我们在殖民统治下被迫分离。为了再次相聚,我们经历了宽容、理解和合作的过程。小组讨论承认了老一辈数学家在促成该区域各国之间的合作方面所作的贡献。我们可以看到 Ben 和该地区许多老朋友之间所留下的印记。

在数学方面,我们从举行区域会议、国家会议到国际会议,并按照这个顺序逐步扩展。事实上,我们也于 1990 年召开了亚洲数学会议。在数学教育方面,开始于 SEACME(1978—2002),然后扩大到 EARCOME。在 2005 年举办的第三届 EARCOME 之后,又分别于 2007 年在槟榔屿(Penang)举办了第四届 EARCOME,2010 年在东京举办了第五届 EARCOME,第六届 EARCOME 将在泰国举办。起初,该地区指东南亚,现在指东亚。Ben 于 1978 年在该地区就开始活动了。

(九) 罗马研讨会 (Rome Symposium) (2008)

Ben 被邀请就数学教育的本质和外延问题作一个大会报告,他在报告中回顾了该地区尤其是菲律宾关于数学教育的最新动态。这不是一个单一的谈话,这是他在不同时间、不同地点,就同一个主题(即该地区的教育,特别是数学教育)作的一系列讲话中最新的一次。

这是一次重要的学术讨论会,它检视了 ICMI 在过去 100 年的发展足迹,即克莱因时代的 50 年和后续的弗赖登塔尔时代的 50 年。研讨会上的报告都被收集在一本制作精美的书中。这本书中有两篇文章引起了我们的注意。在一篇文章中,作者介绍了 60 年代数学改革后数学教育是如何成为一门学科的。现在有许多期刊上发表了关于数学教育研究的论文。在另一篇文章中,作者感叹说研究结果常常用不到课堂上。换言之,我们可能有太多的研究而没有足够的发展。Ben 在研讨会上的发言中,提到了菲律宾局势和通过外国专家从发达国家引进的改革。用他自己的话说:"在菲律宾进行了 40 多年的数学教育改革,这些专家对我们的改革提出了一系列的干预措施。到目前为止,他们凭借自己的经验介绍的一些方法都还没有奏效。"

事实上,Ben 已经多次在各种场合中讨论过这个问题。他指出了东西方学习方式的差异。他强调了亚洲人具有善于向他人学习的特点。当他说 40 年来还没有奏效时,就表明这是一个严肃的问题。如果我们仔细阅读他在 1988 年 ICME 上的大会报告,就会发现他的一些思想其实已经存在,就缺一个人勇敢地指出 Ben 在罗马研讨会上说的内容。

(十) 新加坡基准 (2011)

过去五年里,Ben 一直派马尼拉教师到新加坡的学校访学。毫无疑问,我是在 Ben 的要求下认识了每一位来新加坡的教师。起初,我邀请他们去我家吃饭,通常是十个人左右,最多是 19 人。后来是 40 或 40 以上,所以我只好订一间会议室,给他们送了几瓶水。我的工作是向他们介绍有关新加坡的数学教育。我数不清他们已经来了多少人,但至少有 200 多人,尽管有些人已经来过好几次。我见证了他们在学校访学期间的勤奋,以及访学后对他们的影响。对新加坡基准来说,这是大家一致努力的结果。

Ben 派了雅典耀大学里的两位在职进修人员,其中年长的一位到 NIE 读教育博士,年轻的一位攻读政策学博士学位,更多的人攻读教育硕士。公立学校的教师也参与了全职 PGDE 教师培养项目,PGDE 是教育学研究生文凭 (Postgraduate Diploma in Education)的英文缩写。在过去几年中雅典耀大学给教师安排的暑期课程得到了 NIE 教师的支持。雅典耀大学制定了一个旨在培训学校领导和数学与科学的特级教师的精英计划,仍在进行当中。

(十一)结语

在过去的 40 年里,我在菲律宾待了很多个月。我参观了菲律宾马尼拉内外的许多大学。我于 1975 年参观了宿务圣卡洛斯大学。令我印象深刻的一件事,就是在他们的生物学实验室里收集蝴蝶标本。在随后的几年里,我去过棉兰老岛(Mindanao)的很多地方,包括卡加延德奥罗(那时候 Ben 是萨维尔大学的校长)和科罗纳达尔南哥打巴托省(这个地方很少有人知道它在哪里)。我在菲律宾所做的每一件事都与 Ben 有着这样或那样的联系。

数学可能是精确的,但是数学教育基本上是模糊的,数学教育工作者的旅程往往是漫长而崎岖的。此外,一个人直到 20 年或 25 年后才能看到自己劳动的成果。Ben 预见了许多事情,以便我们现在可以收获他的劳动成果。40 年前,是联盟帮助培训了当地博士;现在,教师培训计划将提升学校校长和学校教师的素质。更重要的是,Ben 担任了该地区和世界上欠发达国家的代言人。

我所描述的仅仅是在过去 40 年里,Ben 在数学、数学教育、大学教育、学校教育和社区服务方面所做的许多事情中的一小部分。他可以放心,他的夙愿都可以得到实现。

参考文献

LEE P Y, 1983. Ten years of SEAMS. Southeast Asian Bull. Math. , 7(1),10 - 15. See, also, www. seams-math. org/

NEBRES B F, 1988. School mathematics in the 1990s: Recent trends and the challenge to developing countries. Proceedings of the sixth international congress on mathematical education, Budapest, Hungary, pp. 11 - 28.

NEBRES B F, 2008. Centers and peripheries in mathematics education. The first century of the International Commission on Mathematical Instruction (1908 - 2008), pp. 149 - 163.

LIM-TEO S K, 2008. ICMI activities in East and Southeast Asia: Thirty years of academic discourse and deliberations. The first century of the International Commission on Mathematical Instruction (1908 - 2008), pp. 247 - 252. See, also, www. unige. ch/math/EnsMath/Rome2008/

我与印尼的故事

故事一

1974 年 3 月,我在万隆与阿里芬相见.当时他是万隆科技学院(ITB)数学系的领头人(阿里芬于 1986—1987 年担任东南亚数学会主席)。我与他畅谈了三天两夜,建议他不妨于 1976 年在 ITB 主持关于数学的区域会议。在我访学的最后一天,他让我重复我对他说的 ITB 小组成员。在万隆皇家酒店(Panghegar),随着啤酒的自由流动,我重复着这个建议。因此,决定在 1976 年举行一次会议。

为了确保参会人员的来临,阿里芬提供了一份大学名单,我于 1975 年 11 月从雅加达开始了我的旅程,然后到达了万隆、日惹、泗水,最后是玛琅,游览了整个爪哇。所参观的大学包括印度尼西亚大学、万隆科技学院、加札马达大学、泗水科技学院(ITS),和玛琅教师教育学院(IKIP Malang)。之后,我远渡重洋到苏拉威西的乌戎潘当参观了哈萨努汀大学。我遇见了努鲁·姆斯利莎(N. Mushlisah),后来我邀请她去新加坡。

会议于 1976 年 7 月举行。这是一个巨大的成功。印尼数学学会(Himpunan Matematika Indonesia)在会议上成立了,此后也发生了许多事情。

故事二

1982 年 8 月,在由阿里芬组织的一个常规代数研讨会期间,我认识了苏帕那·达尔马维加亚(S. Darmawijaya)。我应邀参加了关于图论中矩阵计算的讨论会。后来苏帕那来过新加坡几次,他曾与我在 ITB 就他的博士论文在集成理论方面一起探讨过。我认为他是数学上的第二个本地博士,我也是第一次在印尼当本地博士考官。最终苏帕那成为加札马达大学的数学系教授和博士生导师。我有两个博士生在加札马达大学,他们分别是苏吉约诺(Soedjiyono)和达鲁(Daru)。苏吉约诺现在(2004)是一所私立大学的校长。

故事三

第六届东南亚数学教育会议于 1993 年在泗水召开,通过苏珊迪·李努维(S. Linuwih),我邀请泗水科技学院、泗水教师教育学院(IKIP Surabaya)和爱尔朗加大学(Universitas Airlanga)来举办联合会议,在会议之前,我至少去过泗水两次,参加会议规划的制定。这是第一次在印尼举行这样的会议。

故事四

20 世纪 70 年代,我邀请北苏门答腊大学(Universitas Sumatera Utara)的佩民平·西阿甘(P. Siagan)来新加坡南洋大学。南洋大学是第一所在新加坡开设运筹学的大学。在我记忆里,如果不是数月的话,他应该至少待了几个星期,西阿甘这次访问的目的是来这里深造,以便回到印度尼西亚,他可以教运筹学。我相信他可以做到,他可能是第一个在印度尼西亚教授这个科目的人。他的访学费用由在印度尼西亚有业务的新加坡公司捐赠的资金支付。

我的关于印度尼西亚现实数学的故事

（一）文化传统

2009 年 2 月 23 日，我访问了南苏门答腊巨港（Palembang，印度尼西亚的一个城市）。在 Palembang，我访问了一所小学，观摩了一堂现实数学的练习课，亲眼目睹了课堂教学的变化。我还观摩了一堂活动课。我去印尼，是作为印度尼西亚现实数学计划国际咨询委员会的成员。对印尼来说，现实数学意味着活动与我们周围世界的联系。程序的运行由来自高级计划系统（Advanced Planning System，简称 APS）的印尼和荷兰教育工作者联合运作。它由荷兰政府资助，而且印度尼西亚政府在财政和其他方面也给予大力支持。

对于那些了解该地区，特别是了解印度尼西亚历史的人，他们知道印度尼西亚是一个拥有多种族、不同文化背景和不同信仰的国家。直到 1949 年，印度尼西亚才独立，并在苏加诺（Sukarno）的领导下统一全国，统一语言（印度尼西亚语）。

（二）学术传统

荷兰人早在 1602 年就在印度尼西亚站稳了脚跟。直到 20 世纪，印度尼西亚才不在荷兰人的完全控制下。荷兰人给印度尼西亚人带来的不仅有商业和欧洲文化，而且还有学术传统。这个可以在万隆科技学院（ITB）里看到，校园里有旧建筑，图书馆里有荷兰教授留下的书籍和杂志。

我碰巧认识两个曾在 ITB 教学的数学教授。1973 年，我特意在莱顿拜访扎宁（A. C. Zaanen），他热情地接待了我。他退休之后，我邀请他去过新加坡。ITB 图书馆的数学期刊是他留下的。他从事集成理论研究，写了几本书，并指导了南非的一些博士生，而且我已经把那些论文读了一遍。

扎宁告诉我,他乘坐直升飞机,从欧洲到印度尼西亚花了五天时间,飞机在沿途的许多地方停过,到达印度尼西亚之前的最后一站是新加坡。他是在欧洲经济衰退的时候去的。他还与到万隆的第二个数学家奎普斯(L. Kuipers)有交往。据扎宁介绍,奎普斯当时住他家的车库,还与妻子在新加坡度过了春节。奎普斯从事数论研究,后来他从美国退休,住在瑞士一座小山上的一个小村庄里。我几乎走遍了他的藏身之处。人们可以看到他们留下的文物,不仅仅是校园里的建筑和图书馆的书籍,还有他们的学生的学生。

殖民时期,印度尼西亚由荷兰人进行数学教学。我问阿里芬(ITB 前数学教授),他是否在荷兰学习过数学,他说他只是在大学的第一年学习过。他在印度尼西亚独立的时候上了大学,在荷兰教授离开后,由美国教授用英语向他讲授数学。只有在他最后的几年中,他才用印度尼西亚语教数学。

早在上世纪 70 年代,我在印度尼西亚从塞缪尔·艾化伯格(S. Eilenberg)那里学到了很多大学的课程。艾化伯格是波兰数学家,后来移居美国。他因从事研究代数拓扑学而闻名。那段时间他经常去印度尼西亚,却总是中途在新加坡待一阵子。每当他在新加坡,我总是与他在新加坡的莱佛士酒店共进晚餐。

当时印度尼西亚的大学课程还是传统课程。当 ITB 在上世纪 70 年代末开设 S2 计划(硕士学位课程)时,印尼的大学课程几乎在一夜之间发生改变。为了满足学生进入 ITB 攻读硕士学位的课程要求,全国各地的高校都调整了课程。进入 80 年代后,ITB 两个当地数学博士中的一个毕业了。另一个博士于 1988 年毕业,他是我的学生,名叫苏帕那·达尔马维加亚。后来他成了日惹加札马达大学的数学教授,并指导了许多博士生,至今依然。

(三) 数学区域会议

记不太清楚是 1974 年还是 1975 年,但我确实记得那一年我去了万隆,与阿里芬谈了三天两夜,在最后一天,我重复了我对他说的他的 ITB 同事。那天晚上,在沿着 Jalan Merdeka(万隆的一条马路)的一家旧旅馆,随着啤酒的畅饮声,我阐述了自己的建议。我建议他于 1976 年在万隆举办一次数学区域会议。这里的区域指的是东南亚,或叫东盟。第二天我离开万隆之前,我就知道这个建议会被采纳。

1976年将在万隆举行一次会议。为了这次会议我又做了一项工作。阿里芬给了我一份印尼大学和各大学的联络人的名单。1975年11月，我游览了整个爪哇岛和苏拉威西的乌戎潘当（旧名望加锡）。我访问了雅加达、万隆、日惹、泗水、玛琅和乌戎潘当的一所又一所大学，我告诉我访问过的大学的教授们关于万隆地区会议的消息，并向他们说明为什么要去，如果不去，他们将会错过什么。结果我得到的回应很令人满意。

因此，正如预期的那样，首届这样的会议于1976年7月在万隆举行。同时也举行了一次全国会议。印度尼西亚数学学会在会议期间成立。此后，更多的国家和地区举行了类似的会议，例如东南亚数学教育会议（SEACME）于1993年在泗水举行。对于SEACME，最近的全国（数学教育）会议于2008年在巨港（Palembang）举行。数学教育是会议议程的一部分，同时也建立了一个数学家联络网。我参加过许多这样的会议，我看到了有一个充满活力的团体，它正在生机勃勃地发展壮大。发展的一个结果就是印度尼西亚掀起了一场现实数学运动。

（四）现实数学

故事开始于1994年，当时ITB的罗伯特·塞姆布灵（R. Sembiring）出席了在中国上海举办的第二届ICMI数学教育区域会议。通过与全体发言人的接触，塞姆布灵认识了一批荷兰教育者，他们有些从弗赖登塔尔学院到印尼，并在印尼发起现实数学的倡议。它现在被称为印度尼西亚的现实数学教育（PMRI）。对PMRI的正式介绍，见发表在APS国际网站上《ZDM数学教育》（*ZDM Mathematis Education*）里的一篇文章。下面我所描述的是从印度尼西亚以外的人那里得到的个人见解。

● 正如塞姆布灵所说，这是一个由数学家们自己发起的自下而上的运动，而不是像上世纪70年代由高层管理者发起的数学改革那样。

● 运动始于课堂。换句话说，它开始于孩子们正在做的事情和老师能识别的东西，然后发展为编写讲义和最终的教科书。而过去不是这样的。在过去，它将从教学大纲、教科书等开始，课堂则是这一过程的最后一站。

● 这一变化比数学教学的变化更大。现在去学校，大家会像我一样目睹教室里的变化。教师尝试着对数学有更多更深的理解。随着时间的推移，人们可能会看到这一运动对课堂教学的深刻影响,而不仅仅是数学教学。

接下来,我从一个从业者(即在职或培训中的教师)的角度呈现一个非正式的版本。

- 研究与研究生课程

迄今为止,在现实数学中有 5 篇博士论文和 7 篇硕士论文。两所大学,一个在巨港,一个在泗水,每所大学接纳 10 多名研究生攻读数学教育硕士学位。

- PMRI 教师的认证

PMRI 教师的认证计划在 2009 年底开始。教师将被培训并认证他们讲授基于活动的课程,以后还可能有教师培训师的认证。

- 区域中心

区域中心将开展越来越多的工作。区域中心可以从当地社区得到更大的支持,并且使得 PMRI 的传播更快。

- 文献和出版物

我们可以记录相关的活动文本,而且也正在酝酿相关的培训教材。赞助商文件和 PMRI 的文献工作已经开始跟进。

- PMRI 成为一个品牌

可以看出 PMRI 的名字就像一把钥匙,打开了印度尼西亚急需数学教育改革的大门。

2009 年 5 月 1 日,我与一组来自新加坡的数学教育工作者再次访问巨港(Palembang)。我发现上面提到的大多数事情都发生在 Palembang。故事到此,不得不说印度尼西亚是一个文化资源丰富的国家,它有着不同的文化背景,它具有良好的学术传统和充满活力的民族凝聚力。PMRI 运动带动了数学教育的改变,甚至超越了课堂教学。无需惊讶,PMRI 最终成为带动数学教育改革的车轮。假若参与者行动正确的话,定会如此。

2009 年 5 月 29 日

学术成果

李先生对数学及数学教育有自己独特的研究,他的研究有一个特点:合作的比较多。这充分体现了这位数学家及数学教育家学术研究的特质:动员集体力量。笔者多次见到他在不同场合与同行及学生进行学术研究,他每一次都是无私地提出自己的见解,毫无保留。笔者与他进行过多次交流及合作,充分体会到了这一点。众所皆知,文章的作者排名对于作者的劳动评价很重要,他和笔者合作过程中从不提出任何要求,也正体现了这位学者的大度。作为全书的附录,摘录部分研究的标题,使读者对李先生的研究有更全面的了解。由于渠道有限,笔者除了请李先生回忆以外(由于文献众多,他年事已高,有一些内容及时间节点记不清了),还请国内一些相关学者帮忙提供,其中可能存在很多的纰漏,特别是在国外发表的数学教育研究类文献,希望读者见谅并进行补充,如果该书能够再版的话,一定补上,谢谢大家!

一、数学研究

1. 专著和教材

[1] 丁传淞,李秉彝. 广义黎曼积分[M]. 北京：科学出版社,1989.

[2] LEE P Y. Lanzhou Lectures on Henstock Integration [M]. Singapore：World Scientific，1989.

2. 论文和报告

[1] 丁传松,李秉彝.（RL)积分的进一步属性[J]. 西北师范大学学报(自然科学版),1987(2)：5－8.

[2] 李秉彝. 积分理论的收敛定理[J]. 石东山,译. 昆明师专学报(自然科学版),1986(3)：72－80.

[3] 李秉彝,许东福. 积分收敛定理的非绝对型推广[J]. 内蒙古师大学报(自然科学版),1998(1)：16－21.

[4] 陆式盘,李秉彝,丁传松. 第一类 Baire 函数的特征[J]. 集美大学学报,1996,1(2)：1－5.

[5] 王瑾杰,李秉彝. 绝对 Henstock 可积函数都是 Mcshane 可积的[J]. 数学研究,1994,27(2)：47－51.

[6] AYE K K, LEE P Y. The dual of the space of functions of bounded variation. Mathematica Bohemica, 2006,131(1)：1－9.（Reviewer：B. K. Lahiri）26A45(26A39 26A42 46B26 46E99).

[7] AYE K K, LEE P Y. Orthogonally additive functionals on BV. Mathematica Bohemica，2004,129(4)：411－419.（Reviewer：B. Bongiorno）26A45 (26A39 46E99).

[8] CABRAL E，LEE P Y. A fundamental theorem of calculus for the Kurzweil-Henstock integral in $\Bbb R\sp m$. Real Analysis Exchange, 2000/01,26(2)：867－876.（Reviewer：Yôto Kubota）26A39.

[9] CABRAL E，LEE P Y. The primitive of a Kurzweil-Henstock integrable function in multidimensional space. Real Analysis Exchange, 2001/02,27

(2): 627 – 634. (Reviewer: John J. Coffey) 26A39.

[10] CHEN C C, LEE P Y. Some problems in graph theory. III. Southeast Asian Bull. Math. , 1978,2(1): 39 – 41. 05C99.

[11] CHEW T S, LEE P Y. Nonabsolute integration using Vitali covers. New Zealand Journal of Mathematics, 1994,23(1): 25 – 36. (Reviewer: Ralph Henstock) 26A39.

[12] CHEW T S, LEE P Y. A Riemann-type definition of the Wiener integral. // Trends in probability and related analysis (Taipei, *1996*),91 – 96, World Sci. Publ. , River Edge, NJ, 1997. 28C20.

[13] CHEW T S, LEE P Y. Comparison theorems and Perron integrals [J]. Nonlinear Times Digest, 1995,2(1): 125 – 139. (Reviewer: J. Jarník) 34A34(26A39 34C11).

[14] CHEW T S, LEE P Y. Orthogonally additive functionals on sequence spaces. Southeast Asian Bull. Math. , 1985,9(2): 81 – 85. (Reviewer: Mehmet Orhon) 46A45.

[15] CHEW T S, LEE P Y. The Henstock-Wiener integral. The collection of theses of Symposium on Real Analysis (Xiamen), 1993. Journal of Mathematical Study, 1994,27(1): 60 – 65. 28C20(26A39).

[16] CHEW T S, LEE P Y. The topology of the space of Denjoy integrable functions. Bulletin of the Australian Mathematical Society, 1990,42(3): 517 – 524. (Reviewer: Yôto Kubota) 26A39(46E99).

[17] DARMAWIJAYA S, LEE P Y. The controlled convergence theorem for the approximately continuous integral of Burkill. Proceedings of the analysis conference, Singapore *1986*, 63 – 68, North-Holland Math. Stud. , 150, North-Holland, Amsterdam, 1988. (Reviewer: H. Burkill) 26A39(26A45 26A46 28A20).

[18] DING C S, LEE P Y. On absolutely Henstock integrable functions. Real Analysis Exchange, 1986/87,12(2): 524 – 529.

[19] DING C S, LEE P Y. The controlled convergence theorem for the general

Henstock integral. (Chinese) Acta Mathematica Sinica, 1994,37(4): 497 - 506.

[20] GARCES I J L, LEE P Y, ZHAO D S. Moore-Smith limits and the Henstock integral. Real Analysis Exchange, 1998/99,24(1): 447 - 455. (Reviewer: John J. Coffey) 26A39.

[21] GARCES I J L, LEE P Y. Cauchy and Harnack extensions for the $H\sb 1$-integral. Matimyás Mat, 1998, 21(1): 28 - 34. (Reviewer: Yôto Kubota) 26A39(26A42).

[22] GARCES I J L, LEE P Y. Convergence theorems for the $H\sb 1$-integral. Taiwanese Journal of Mathematics, 2000, 4(3): 439 - 445. (Reviewer: S. Foglio) 26A39.

[23] INDRATI C R, LEE P Y. Dominated convergence theorem involving small Riemann sums. Real Analysis Exchange, 2004,30(2): 783 - 794. (Reviewer: Russell Arthur Gordon) 26A39.

[24] JIAO K M, LEE P Y. On Saks-Henstock lemma for the Riemann-type integrals. Real Anal. Exchange, 1991/92,17(2): 796 - 801.

[25] KOH K M, LEE P Y, TAN T. Fibonacci trees. Southeast Asian Bull. Math. , 1978,2(1): 45 - 47. (Reviewer: Gary S. Bloom) 05C05.

[26] KOH K M, ROGERS D G, LEE P Y, TOH C W. On graceful graphs. V: Unions of graphs with one vertex in common. Nanta Math. , 1979,12 (2): 133 - 136. 05C75.

[27] LEE P Y. Harnack extension for the Henstock integral in the Euclidean space. The collection of theses of Symposium on Real Analysis (Xiamen), 1993. Journal of Mathematical Study, 1994,27(1): 5 - 8. (Reviewer: Yôto Kubota) 26B15(26A39).

[28] LEE P Y. Lanzhou lectures on Henstock integration. Series in Real Analysis, 2. World Scientific Publishing Co. , Inc. , Teaneck, NJ, 1989: x+179 pp. 26A39(26 - 01).

[29] LEE P Y, DE LANGE J, SCHMIDT W. Panel B: What are PISA and TIMSS? What do they tell us? International Congress of Mathematicians.

Vol. III, 1663 – 1672, Eur. Math. Soc. , Zürich, 2006.

[30] LEE P Y. The integral à la Henstock. Sci. Math. Jpn. 2008(1): 13 – 21. 26A39(01A60)

[31] LEE P Y, CHEW T S. A better convergence theorem for Henstock integral, Bulletin of London Mathematical Society, 1985,17: 557 – 564.

[32] LEE P Y, CHEW T S. A better convergence theorem for Henstock integrals. Bull. London Math. Soc. , 1985,17(6): 557 – 564. (Reviewer: Ralph Henstock) 26A39(26A42).

[33] LEE P Y, CHEW T S. A Riesz-type definition of the Denjoy integral. The ninth summer real analysis symposium (Louisville, Ky. , 1985). Real Anal. Exchange, 1985/86, 11 (1): 221 – 227. (Reviewer: D. K. Dutta) 26A39.

[34] LEE P Y, CHEW T S. A short proof of the controlled convergence theorem for Henstock integrals. Bull. London Math. Soc. , 1987, 19 (1): 60 – 62. (Reviewer: D. K. Dutta) 26A39.

[35] LEE P Y, CHEW T S. Integration of highly oscillatory functions in the plane [J]. Proceedings of Asian Mathematical Conference (Hong Kong), 1990: 276 – 279. World Sci. Publ. , River Edge, NJ, 1992. 26A39 (28A25).

[36] LEE P Y, CHEW T S. On convergence theorems for nonabsolute integrals. Bull. Austral. Math. Soc. , 1986, 34 (1): 133 – 140. (Reviewer: George Cross) 26A39.

[37] LEE P Y, HUA L K. Mathematician, teacher, and practitioner. Graphs Combin. , 1985,1(4): 301. 01A70.

[38] LEE P Y, LENG N W. The Radon-Nikodym theorem for the Henstock integral in Euclidean space. Real Analysis Exchange, 1996/97, 22 (2): 677 – 687. (Reviewer: J. Jarník) 26B15(26B30).

[39] LEE P Y, MURAKAMI H, NG P N. Modular spaces of strongly summable functions. Bull. Malaysian Math. Soc. (2),1978,1(2): 91 –

99. 46E30.

[40] LEE P Y, ONG H. An application of the Hahn-Banach theorem. Nanta Math. , 1968/69,3: 20 - 23. (Reviewer: M. V. Subbarao) 46. 10.

[41] LEE P Y, SWARTZ. Charles Continuity of superposition operators on sequence spaces [J]. New Zealand Journal of Mathematics, 1995,24(1): 41 - 52. (Reviewer: M. S. Rangachari) 47B37.

[42] LEE P Y, TANG W K, ZHAO D S. An equivalent definition of functions of the first Baire class. Proceedings of the American Mathematical Society, 2001, 129(8): 2273 - 2275 (electronic). (Reviewer: Pavel Kostyrko) 26A21.

[43] LEE P Y, VÝBORNÝ R. Integral: An easy approach after Kurzweil and Henstock (Australian Mathematical Society Lecture Series 14). Cambridge: Cambridge University Press, 2000.

[44] LEE P Y, VÝBORNÝ R. Kurzweil-Henstock integration and the strong Lusin condition [J]. Bollettino Della Unione Mathematica Italiana B, 1993,7 (4): 761 - 773. (Reviewer: D. K. Dutta) 26A39(26A42).

[45] LEE P Y, VÝBORNÝ R. The Integral: An approach after Kurzwei and Henstock. Cambridge: Cambridge University Press, 2000.

[46] LEE P Y, WITTAYA N. In a direct proof that Henstock and Denjoy integrals are equivalent. Bull. Malaysian Math. Soc. (2), 1982, 5 (1): 43 - 47. (Reviewer: B. Bongiorno) 26A39.

[47] LEE P Y, ZHAO D S. Upper and lower Henstock integrals [J]. Real Analysis Exchange, 1996,22(2): 734 - 739. (Reviewer: J. Jarník) 26A39(26A42).

[48] LEE P Y. A constructive proof of a differential inequality. Nanta Math. , 1972, 5(3): 83 - 84. (Reviewer: K. M. Garg) 26A48(02E99).

[49] LEE P Y. An alternative proof for an example involving variation. Bull. Math. Soc. Nanyang Univ. , 1964: 63 - 65. 26. 49.

[50] LEE P Y. An equality for variational integrals. Bull. Math. Soc. Nanyang Univ. , 1965: 45 - 47. (Reviewer: H. Burkill) 26. 45(28. 00).

[51] LEE P Y. A non-standard convergence theorem for distributions. Math.

Chronicle, 1970,1(2): 81 – 84. (Reviewer: L. Artiaga) 46. 40.

[52] LEE P Y. A nonstandard example of a distribution. Amer. Math. Monthly, 1970,77: 984 – 987. (Reviewer: S. R. Harasymiv) 46. 40(26. 00).

[53] LEE P Y. A note on an equality for variational integrals. J. Nanyang Univ. , 1967,1: 263 – 264. 28. 30.

[54] LEE P Y. A note on some generalizations of the Riemann-Lebesgue theorem J. London Math. Soc. , 1966,41: 313 – 317. (Reviewer: F. R. Keogh) 40. 40.

[55] LEE P Y. A proof of the generalized dominated convergence theorem for Denjoy integrals. Proceedings of the analysis conference, Singapore *1986*,163 – 165, North-Holland Math. Stud. , 150, North-Holland, Amsterdam, 1988. (Reviewer: D. K. Dutta) 26A39(28A20).

[56] LEE P Y. A scale of spaces of interval functions. J. London Math. Soc. , 1967, 42: 443 – 446. (Reviewer: W. D. L. Appling) 46. 35.

[57] LEE P Y. Cesàro sequence spaces. Math. Chronicle, 1984, 13: 29 – 45. (Reviewer: B. Kuttner) 40H05(40G05 46A45).

[58] LEE P Y. Generalized convergence theorems for Denjoy-Perron integrals. New integrals (Coleraine), *1988*: 97 – 109. Lecture Notes in Mathematics, 1419. Springer, Berlin, 1990. 26A39.

[59] LEE P Y. Integrals involving parameters. II. J. London Math. Soc. , 1966,41: 680 – 684. (Reviewer: T. H. Hildebrandt) 26. 45(28. 00).

[60] LEE P Y. Integrals involving parameters. J. London Math. Soc. , 1965, 40: 338 – 344. (Reviewer: T. H. Hildebrandt) 28. 25.

[61] LEE P Y. Integration by completion of normed linear spaces. Nanta Math. , 1968,2: 16 – 20. (Reviewer: J. K. Brooks) 28. 46.

[62] LEE P Y. Köthe duals and matrix transformations. Proceedings of the First Franco-Southeast Asian Mathematical Conference (Nanyang Univ. , Singapore, 1979). Southeast Asian Bull. Math. Special Issue, 1979: 102 – 108. (Reviewer: Amnon Jakimovski) 46A45(40D25).

[63] LEE P Y. Linear and nonlinear transformations between sequence spaces.

Nanta Math. , 1978,11(2): 174 - 182. (Reviewer: Mikio Kato) 40H05 (40C05 47B37 47H99).

[64] LEE P Y. Matrix transformations which are not isometries. New Zeal-and Math. Mag. , 1976,13(1): 1 - 4. (Reviewer: D. J. Hartfiel) 15 - 01.

[65] LEE P Y. Measurability and the Henstock integral. //International Mathematics Conference '94 (Kaohsiung, 1994), 99 - 106, World Sci. Publ. , River Edge, NJ, 1996. 28A25(26A39).

[66] LEE P Y. On ${\rm ACG}\sp *$ functions. Real Anal. Exchange, 1989/ 90,15(2): 754 - 759. (Reviewer: B. Bongiorno) 26A46.

[67] LEE P Y. On the space of Henstock integrable functions. Function spaces (Poznań), *1989*: 169 - 173, Teubner-Texte Math. , 120, Teubner, Stuttgart, 1991. 46E30(26A39).

[68] LEE P Y. Riesz representation theorems. Southeast Asian Bull. Math. , 1986, 10(2): 96 - 101. (Reviewer: Ralph Henstock) 26A39(26A42).

[69] LEE P Y. Sectionally modulared spaces and strong summability. Special issue dedicated to Wtadystaw Orlicz on the occasion of his seventy-fifth birthday. Comment. Math. Special Issue, 1978(1): 197 - 203. (Reviewer: J. Musielak) 46A45(40H05).

[70] LEE P Y. Sequence spaces and the gliding hump property [J]. Procee-dings of the International Conference on Functional Analysis and Global Analysis (Quezon City), 1992. Southeast Asian Bulletin of Mathe-matics, 1993, Special Issue: 65 - 72. (Reviewer: Lee W. Baric) 46A45(46A20 46B10 46B15).

[71] LEE P Y. Some linear operators in Banach function spaces. Nanta Math. , 1971,5(1): 34 - 37. (Reviewer: N. Dinculeanu) 46E30.

[72] LEE P Y. Some linear operators in the $L\sp{p}$ spaces. Canad. J. Math. , 1969,21: 648 - 654. (Reviewer: G. O. Okikiolu) 46. 35.

[73] LEE P Y. Some problems in integration theory. Math. Chronicle, 1972/ 73,2: 105 - 116. (Reviewer: B. Rodriguez-Salinas) 26A39.

[74] LEE P Y. Summability factors involving Orlicz metrics. Colloq. Math. ,

1981,44(1): 137 – 141. (Reviewer: J. Musielak) 46E30(40J05).

[75] LEE P Y. Summability factors of strongly summable sequences. Nanta Math. , 1977, 10 (2): 113 – 118. (Reviewer: J. Musielak) 46A45 (40H05).

[76] LEE P Y. Teaching analysis without[J]. 工程数学(英文版),1994,10(1): 1 – 5.

[77] LEE P Y. The uniqueness of a Riesz-type definition of the Lebesgue integral. Math. Chronicle, 1970,1(2): 85 – 87. (Reviewer: S. Foglio) 26. 46.

[78] LEE T Y, CHEW T S, LEE P Y. Characterisation of multipliers for the double Henstock integrals. Bulletin of the Australian Mathematical Society, 1996,54(3): 441 – 449. 26A39(46E30).

[79] LEE T Y, CHEW T S, LEE P Y. On Henstock integrability in Euclidean spaces. Real Analysis Exchange, 1996/97,22(1): 382 – 389. 26A39

[80] LEE T Y, LEE P Y. On necessary and sufficient conditions for non-absolute integrability. Real Analysis Exchange, 1994/95, 20 (2): 847 – 857. 26A39.

[81] LEE T Y, LEE P Y. The Kubota integral II [J]. Mathematica Japonicae, 1995,42(2): 257 – 263. (Reviewer: Yôto Kubota) 26A39(26A42).

[82] LENG N W, LEE P Y. Nonabsolute integral on measure spaces. Bulletion of the London Mathematics Society, 2000, 32 (1): 34 – 38. (Reviewer: O. Lipovan) 26A39(46G99).

[83] LI B L, YAO X B, LEE P Y. The topological structure of the space of Henstock integrable functions. (Chinese) J. Math. (Wuhan), 1994, 14 (1): 61 – 68. (Reviewer: Cheng-Ming Lee) 26A39(46E30).

[84] LIM S K, LEE P Y. An Orlicz extension of Cesàro sequence spaces. Comment. Math. Prace Mat. , 1988,28(1): 117 – 128. (Reviewer: P. K. Kamthan) 46A45.

[85] LIM S K, LEE P Y. On matrix transformations between sequence spaces. Indian J. Math. 25(1983), no. 3,233 – 244. (Reviewer: P. K. Kamthan)

40C05(40C15 46A45 47B99).

[86] LIU G Q, LEE P Y, BULLEN P S. A note on major and minor function for the Perron integral [J]. Real Anal. Exchange, 1994/95,20(1): 336 - 339.

[87] LIU G Q, LEE P Y, BULLEN P S. A note on major and minor function for the Perron integral [J]. Real Anal. Exchange, 1994/95,20(1): 336 - 339. (Reviewer: V. A. Skvortsov) 26A39(26A46)

[88] LI Y H, LEE P Y, WANG T F. On the UR and WUR points of Orlicz sequence spaces. The collection of theses of Symposium on Real Analysis (Xiamen), 1993. Journal of Mathematical Study, 1994,27(1): 97 - 103. (Reviewer: Henryk Hudzik) 46B45(46B20 46E30).

[89] LU J T, LEE P Y, LEE T Y. A theorem of Nakanishi for the general Denjoy integral. Real Analysis Exchange, 2001/02,27(2): 669 - 672. 26A39.

[90] LU J T, LEE P Y. A dominated convergence theorem in the K-H integral. Taiwanese Journal of Mathematics, 2003,7(3): 507 - 512. (Reviewer: Š. Schwabik) 26A39.

[91] LU J T, LEE P Y. A Riesz-type definition of the Henstock integral in Euclidean space. New Zealand Journal of Mathematics, 2001,30(2): 131 - 139. (Reviewer: Yôto Kubota) 26A39.

[92] LU J T, LEE P Y. Integration on Riemannian manifolds. Mathematica Japonicae, 1999,49(3): 373 - 383. (Reviewer: J. Jarník) 58C35(26A39).

[93] LU J T, LEE P Y. On singularity of Henstock integrable functions. Real Analysis Exchange, 1999/2000,25(2): 795 - 797. 26A39.

[94] LU J T, LEE P Y. The primitives of Henstock integrable functions in Euclidean space. Bulletin of the London Mathematical Society, 1999,31 (2): 173 - 180. (Reviewer: J. Jarník) 26A39(26A36).

[95] LU S P, LEE P Y. Globally small Riemann sums and the Henstock integral. Real Anal. Exchange, 1990/91,16(2): 537 - 545.

[96] MA Z M, LEE P Y, CHEW T S. Absolute integration using Vitali covers [J]. Real Analysis Exchange, 1992/93,18(2): 409 - 419.

［97］ NG P N, LEE P Y. Cesàro sequence spaces of non-absolute type. Comment. Math. Prace Mat. , 1977/78,20(2): 429 - 433. (Reviewer: W. H. Ruckle) 46A45.

［98］ NG P N, LEE P Y. Convergence in normed Köthe spaces. J. Singapore Nat. Acad. Sci. , 1975,4(3): 146 - 148. (Reviewer: G. Silverman) 46E30.

［99］ NG P N, LEE P Y. On the associate spaces of Cesàro sequence spaces. Nanta Math. , 1976, 9 (2): 168 - 170. (Reviewer: Gokulananda Das) 46A45 (40G05)

［100］ NG P N, LEE P Y. Orlicz sequence spaces of a nonabsolute type. Comment. Math. Univ. St. Paul. , 1977/78, 26, (2): 209 - 213. (Reviewer: Zvi Altshuler) 46A45.

［101］ PAL S, GANGULY D K, LEE P Y. Henstock-Stieltjes integrals not induced by measure. Real Analysis Exchange, 2000/01,26(2): 853 - 860. (Reviewer: Frank N. Huggins) 26A39(26A42).

［102］ PAL S, GANGULY D K, LEE P Y. The fundamental theorem of calculus for $\{\rm GR\}\sb k$-type integrals. Real Analysis Exchange, 2002/03,28(2): 549 - 562. (Reviewer: Frank N. Huggins) 26A39.

［103］ PAL S, GANGULY D K, LEE P Y. A generalized Henstock-Stieltjes integral involving division functions. Mathematics Slovaca, 2008,58(4): 413 - 438. (Reviewer: Jae Myung Park) 26A39.

［104］ PAL S, GANGULY D K, LEE P Y. On convergence for the $\{rm GR\} sb ksp *$-integral. Mathematics Slovaca, 2005, 55 (5): 515 - 527. (Reviewer: V. A. Skvortsov) 26A39(26A42).

［105］ PAREDES L I, LEE P Y, CHEW T S. Controlled convergence theorem for strong variational Banach-valued multiple integrals. Real Analysis Exchange, 2002/03, 28 (2): 579 - 591. (Reviewer: Russell Arthur Gordon) 26E20(26A39).

［106］ REY R M, LEE P Y. A representation theorem for the space of Henstock-Bochner integrable functions. Proceedings of the International

Conference on Functional Analysis and Global Analysis (Quezon City), 1992. Southeast Asian Bulletin of Mathematics, 1993, Special Issue: 129 - 136. (Reviewer: R. G. Bartle) 46E40(26A39 28B05 46G10).

[107] SEODIJONO B, LEE P Y. The Kubota integral [J]. Math. Japon. 1991,36(2): 263 - 270. (Reviewer: Yôto Kubota) 26A39(26A42).

[108] UNONINGSIH S D, LEE P Y. The second duals of some sequence spaces. //JAIN P K, MALKOWSKY E. Sequence Spaces and Applications. New Delhi: Narosa Publishing House, 1999: 27 - 34. 46A45(46B10 46B45).

[109] UNONINGSIN S D, PLUCIENNIK R, LEE P Y. Boundedness of super-position operators on sequence spaces [J]. Comment. Math. Prace Mat. 1995(35): 209 - 216. (Reviewer: Mahmoud M. Kutkut) 47H99 (46A45 46E30 47B37).

[110] WANG P J, LEE P Y. Every Absolutely Henstock Integrable Function is McShane Integrable [J]. 数学研究(英文版),1994,27(2): 47 - 51.

[111] WU B E, LEE P Y. The duals of some sequence spaces of a nonabsolute type. Southeast Asian Bull. Math. , 1985,9(2): 77 - 80. (Reviewer: K. Chandrasekhara Rao) 46A45.

[112] WU B E, LIU Y Q, LEE P Y. The second duals of the nonabsolute Cesàro sequence spaces. Proceedings of the analysis conference, Singapore 1986 , 285 - 290, North-Holland Math. Stud. , 150, North-Holland, Amsterdam, 1988. (Reviewer: W. H. Ruckle) 46A45.

[113] WU C X, LEE P Y. Topological algebras of infinite matrices. // Functional analysis. New Delhi: Narosa Publishing House, 1998: 23 - 31 (Reviewer: Yuriĭ V. Selivanov) 46H35(15A30 46A45 47B37)

[114] XU D F, LEE T Y, LEE P Y. On some integration by parts formulae for the APS-integral [J]. The collection of theses of Symposium on Real Analysis (Xiamen), 1993. Journal of Mathematical Study, 1994,27(1): 181 - 184. (Reviewer: Yôto Kubota) 26A39(26A42)

[115] XU J G, LEE P Y. The stochastic integral of Henstock. Southeast Asian Bulltin Mathematics, 1996, 20(2): 101 – 106. (Reviewer: Ralph Henstock) 60H05(26A39).

[116] YE G J, WU C X, LEE P Y. Integration by parts for the Denjoy-Bochner integral. Southeast Asian Bulletin of Mathematics, 2002, 26(4): 693 – 700. (Reviewer: M. K. Nayak) 26A39(28B05).

[117] YE G J, LEE P Y, WU C X. Convergence theorems of the Denjoy-Bochner, Denjoy-Pettis and Denjoy-Dunford integrals. Southeast Asian Bulletion of Mathematics, 1999, 23(1): 135 – 143. (Reviewer: John J. Coffey) 26A39(28B05 46G10)

[118] YE G J, LEE P Y. A version of Harnack extension for the Henstock integral [J]. Journal of Mathematical Study, 1995, 28(3): 106 – 108. 26A39.

[119] YE G J, LEE P Y. The Coefficients of SCP — Fourier Series [J]. 数学研究(英文版). 1995, 28(2): 100 – 103.

[120] YE G J, WU C X, LEE P Y. Approximately continuous integral in the plane. [J]. 数学研究(英文版), 1999, 32(3): 238 – 244. (Reviewer: Yôto Kubota) 26A39(26A42)

[121] YE G J, LEE P Y. A Riemann-type definition for the double Denjoy integral of Chelidze and Djvarsheishvili. Mathematica Bohemica, 2003, 128(2): 113 – 119.

[122] YE G J, LEE P Y. The Strong McShane Integral of Banach-valued functions defined on R~m. [J]. Journal of Mathematical Study, 2004, 37(2): 250 – 258.

[123] ZHAO D S, LEE P Y. The Riemann integral using ordered open coverings. Rocky Mountain Journal of Mathematics, 2005, 35(6): 2129 – 2147. (Reviewer: D. K. Dutta) 26A42(03E04).

二、数学教育研究

1. 专著和教材

［1］黄燕苹,李秉彝. 动动手,练练脑 折纸拼图七巧板［M］. 桂林:广西师范大学出版社,2015.

［2］黄燕苹,李秉彝. 动动手,练练脑 折纸拼图玩游戏［M］. 桂林:广西师范大学出版社,2015.

［3］黄燕苹,李秉彝. 动动手,练练脑 折纸拼图学数学［M］. 桂林:广西师范大学出版社,2014.

［4］黄燕苹,李秉彝. 折纸与数学［M］. 北京:科学出版社,2012.

［5］LEE P Y. Teaching Secondery School Mathematics(2nd Edition)［M］. McGraw-Hill Education(Asia),2008.

［6］LEE P Y. Teaching Primary School Mathematics［M］. McGraw-Hill Education(Asia),2006.

2. 论文、报告和访谈

［1］方均斌,李秉彝,张奠宙. 数学教育三人谈［J］. 数学教学,2009(3):封二,1-6,11.

［2］李秉彝,张定强. 本世纪数学的新进展及其对数学教育的影响［J］. 数学教育学报,1996,5(3):1.

［3］李秉彝. 东南亚和东亚地区数学教育大会的回忆录［J］. 邵立科,屠晴雯,黄兴丰,译. 数学教学,2016(9):1-3.

［4］李秉彝. 给孩子们讲授计算机程序设计［J］. 吴博儿,译. 中学数学研究,1985(4):4-6.

［5］李秉彝. 解析几何的变换(续)［J］. 孙名符,摘译. 王仲春,校. 数学教学研究,1989(1):32-35.

［6］李秉彝. 解析几何的变换［J］. 孙名符,摘译. 王仲春,校. 数学教学,1988(4):46-49.

［7］李秉彝. 新加坡的经验［J］. 数学教学,2013(12):1-2.

［8］李秉彝. 新加坡数学教学 50 年［J］. 黄兴丰,金英子,编译. 数学通报,2013,
52(11):1-4,11.

［9］LEE P Y. A glimpse of SEACME, ICM I Bulletin 33,Dec 1992.

［10］LEE P Y. A passage of 40 years in mathematics and mathematics education. In
Ma. Assunta C. Cuyegkeng and Antonette Palma-Angeles（editors）.
Defining FilipinoLeadership. Manila:Ateneo de Manila University Press
2011:115-123.

［11］LEE P Y. Ma. Assunta C. Cuyegkeng and Antonette Palma-Angeles
（editors）. Defining Filipino Leadership. Manila:Ateneo de Manila
University Press 2011:115-123.

［12］LEE P Y. Mathematics education in Southeast Asia. In Handbook on the
history of mathematics education, ed. AlexanderKarp and GertSchubring,
384-388. NewYork:Springer,2014.

［13］LEE P Y. My story of realistic mathematics in Indonesia. In R.
Sembiring, K. Hoogland, and M. Dolk（Eds）, A decade of PMRI in
Indonesia（pp. 29-32）. Bandung, Utrecht:APS International.

［14］LEE P Y. Sixty years of mathematics syllabus and textbooks in Singapore
（1945 - 2005）. In Z. Usiskin, and E. Willmore（Eds）, Mathematics
Curriculum in Pacific Rim Countries-China, Japan, Korea, and Singapore
（pp. 85-94）. Charlotte, North Carolina:Information Age Publishing. ［The
publication is the proceedings of a conference held in Chicago in 2005. ］

［15］LEE P Y. Teaching analysis without $\varepsilon-\delta$［J］. 工科数学(英文版),1994,10
(1):1-5.

［16］LEE P Y. Ten years of SEAMS. Southeast Asian Bull. Math. , 7(1),10-
15. See, also, www. seams-math. org/.

编者后记

　　2008 年 9 月,笔者到华东师范大学访学,导师是我国著名数学教育家张奠宙先生。张先生告诉我,做数学教育的需要多接触一些学者,以开阔视野。接着,他告知 11 月有一个中国与新加坡数学课堂教学交流论坛在宁波举办,并且告诉我:"本次新加坡方面的领队是你们温州人李秉彝先生! 会议结束后,他将回祖籍地苍南拜访他的亲戚,麻烦你带一下路。"我欣然接受了张先生的任务。访学前,我对李秉彝先生的情况了解并不多,当我知道他曾经担任过东南亚数学会主席、国际数学教育委员会副主席等职时,觉得这是一个了解温州籍数学家的好机会。宁波会议是宁波大学教育学院主办的,会议名称为"中国—新加坡 2008 年数学课程与课堂教学国际交流活动",时间是 11 月 28 日、29 日两天。我与李秉彝先生、张奠宙先生住在同一个宾馆,11 月 28 日的早餐桌上,我被李秉彝先生与西南大学黄燕苹老师的谈话所吸引,李秉彝先生拿出一张纸进行对折,并讲了其中的一些数学道理。他那神采飞扬的表情以及幽默的语言感染了我:这是一位睿智的学者! 之后,听了张奠宙先生及周围老师讲的有关他的一些传奇故事,我深深地被他所吸引。在从宁波到温州的路上，我找了不少话题与他聊天并且录音，他是来者不拒，侃侃而谈。我把相关的话题进行文字整理后发给张奠宙先生，张先生觉得这是很好的材料。到上海后，我和李先生、张先生专门就数学教育话题进行了一些讨论，我主要是引出话题、洗耳恭听并做好记录。两位数学教育前辈的鲜明观点让我深受启发，于是就撰写了《数学教育三人谈》一文发表在《数学教学》上。自此之后，我与李秉彝先生接触的机会更多了，还成了好朋友，他一到国内参加活动就事先通知我，我一定尽量与他见上一面，而且每一次见面都有很多收获。经过这几年的接触，我觉得李秉彝先生对中国数学及数学教育的发展帮助实在是太大了，有一种想把他与中国数学尤其是中国数学教育的关系写下来的冲动。其实，不止我一人，很多与李秉彝先生有过接触的学者也有这种想法，而且他们根据自己的体会撰写论文已经发表在各种杂志上。笔者觉得，自己与李先生接触太迟、接触面太窄，但李先生对中国的数学教育贡献必须有人进行整理，让大家有整体的认识。2013 年 11 月，新加坡南洋理工大学国立教育学院特地为李先生的 75 岁生日举行学术纪念活动，这也是第四次举行这样的活动（尽管本次活动正式标题为"第三届李秉彝学术研讨会"），李先生在这次活动后宣布正式退休。菲律宾、印尼和国内的一些学者特意赶到新加坡为李先生祝寿。由于李先生为人低调，很多国内学者都不知道这次庆祝活动，我也是 2013 年 6 月才从河海大学叶国菊教授（李先生的博士生）那里知道的，匆忙之中办了出国手续，并且在这次会议上做了 30 分钟的发言，主要介绍李先生的数学教育思想。很多新加坡学者听完报告后，纷纷表示不了解李先生在中国所发表的一些观点，我感到很惊讶，李秉彝先生幽默地说："均斌，你这是出口转内销！"当新加坡学者知道我准备写关于李先生与中国数学教育的书的时候，都表示支持并希望早一点见到这本书。这再一次让我产生了写作的冲动，但摆在我面前的困难是与李先生的接触太少了。2014 年 6 月，全国数学教育研究大会在兰州举行，我知道李秉彝先生与兰州结下了深厚的友谊，于是，特意拜访了西北师范大学的李先生的好朋友丁传松教授、李先生的博士生巩增泰教授等学者，他们纷纷表示支持我撰写。

在大家的帮忙下，之前我为《数学家之乡》撰写过介绍李秉彝先生的手稿，在和李先生接触期间，除了前面提到的"三人谈"一文外，我也曾经在《数学通报》、《数学教育学报》上发表过关于李先生的一些思想及活动的文章。国内的黄燕苹

（西南大学）、吴颖康（华东师范大学）、黄兴丰（江苏理工大学）等也陆续发表过关于李秉彝先生的文章，在征得这些作者的同意后，我决定将他们的文章收录入本书中，尽管一些话题在不同作者中会有重复，但他们都是从不同的角度进行解读。我想，这样可以使得本书读者对李先生有更深的认识。前段时间，我与华东师范大学出版社的倪明老师谈起书稿一事，他与李先生非常熟悉，也很愿意为该书的出版出力。众所皆知，李秉彝先生接触的国际友人众多，这给本书的编辑工作带来了很大的困难，本书的责任编辑倪明和汤琪认真负责地做好相关的工作，实在不易！这里特此表示感谢！

如前言所语，本书受到国内外相当多学者的支持，笔者觉得，任何对我国数学及数学教育作出贡献的学者，我们都需要向他表示感谢！本书正是基于这样的思想而编撰的。关于李秉彝先生的很多工作及思想可能因为笔者接触有限，希望读者对此提出相关见解及补充，可能的话，本书将在后续进行完善！感谢所有对该书的出版予以支持的专家及同行！

方均斌于温州大学

2018.9

编辑后记

李先生是我学习的榜样

编辑自有优势，可以先睹为快，我早早地读到了《李秉彝与中国数学教育》这部手稿。与李秉彝先生交往的很多画面浮现在我面前，许多情景历历在目。

1984 年 7 月，我毕业于华东师大数学系，留校在数学系办公室工作。自己对数学教育有兴趣，时常会参加一些相关的活动。自然，校外来系的数学教育学术报告经常去听。在刚工作的几年里，李先生的报告应当听过好几次。在报告时，他风趣、幽默，讲述的内容面广，故事性强，给我留下了深刻的印象。不过，究竟哪一次是第一次听李先生的报告，我已经记不清了。那个时候，我的性格属于内向型的，作为一个小听众的我不会主动与李先生交流。也许是我在系办公室工作的缘故，与人见面的机会较多，而且听了好几次报告，我们见面时自然会点头微笑，渐渐与李先生认识了，更重要的是李先生属于外向型，平易近人，我们就熟悉起来。

在数学系工作五年之后，我去了国家教委（教育部前身)中学校长培训中心(华东师大内)工作,1993 年又调到了出版社。偶尔,我也会参加数学教育的学术活动,遇到李先生。

到出版社之后,李先生曾找过我,商量一些合作的事情。基于当时上海双语教学很热,建议我将我做责任编辑的上海高中数学教材翻译成英文,并表示在翻译方面,他可以提供一些帮助。遗憾的是,我们出版社研究后认为:"目前出版英文版的数学教材还不成熟,绝大部分学校的数学教师无法用英语进行课堂教学;即使出版了英文版的数学教材,对此感兴趣的只是少部分学生。"这个项目未能成为现实。

他来华东师大访问,我们会有见面,有时也有邮件(Email)来往。断断续续,我们保持着联系。

我在出版社做数学编辑,涉及的面比较广,但以学生读物为多。工作开始的几年,做的好几本书出了繁体字版,如《数学问题解决系列》的 4 本由台湾九章出版社出版,《奥数教程》和《奥数测试》由香港现代教育研究社出版,在香港还成了畅销图书,《数学奥林匹克小丛书》的初中 10 册和高中 2 册也由九章出版社出版,可谓品种不少。不过限于繁体字版,没有其他的语种。我在想,什么时候能有其他语种该有多好啊。当时在新加坡工作的范良火是同龄人、老朋友,他来上海时,我问他能否联系新加坡的出版社,让他们邀请,我可以访问新加坡的出版社,向他们推荐我们的图书,争取版权贸易。良火兄答应我可以联系试试。

良火兄回新加坡之后,与李秉彝先生商量此事。当时良火兄有行政职务,很忙;而李先生从行政职务上退下来,忙的程度相对要好一些。鉴于我业余做些数学教育方面的研究,在数学教育的刊物上发表过一些文章,李先生亲自发邀请信,邀我访问南洋理工大学国立教育学院。

到了新加坡之后,负责接待工作的是李先生,除了参观南洋理工大学,以及与李先生、良火和教育部的许泽鸿博士进行数学课程、教材方面的交流之外,主要就是访问出版社。李先生是新加坡的名流,为我联系了 4 家有影响的出版社。我受到了极高的礼遇,他是我的"车夫",受到了出版社的高规格接待。根据对方出版社的不同情况,我的介绍各有侧重,4 家出版社对我们的图书有不同程度的兴趣,对方表示,只要李先生愿意做英文版的主编,他们基本上都可以考虑。之

后,我们与 2 家出版社签了约,一家是新加坡世界科技出版公司,签了《走向
IMO:数学奥林匹克试题集锦》,更名为《数学奥林匹克在中国》;另一家是新加
坡泛太平洋教育出版社,是《数学奥林匹克小丛书·小学卷》的 4 种(支付了预付
金后,因人事变动未能出版)。可谓是收获满满、极其高效的。这个成果的取得,
完全得益于李先生的帮助。

在与李先生的深度交往过程中,好几件事情给我留下了深刻的印象。

我乘坐在他的车上,稍微有点堵。他告诉我,前面一天有一辆小货车碰到了
他的汽车,对方是全责,他可以请警察来处理此事,或者直接请对方赔偿,但他什
么也没有做。他觉得自己维修一下花不了几个钱。如果他让警察来处理,对方
可能因处理而停运数日,会有不小的损失,人家是靠营运挣钱养家的;如果要人
家赔偿,这个钱对别人很重要,对自己不那么重要,所以他很快就让别人走了。
他告诉我:"要对别人好一点。"

有一天,他请我到他家去吃饭。我住的宾馆离他家不远,他是走过来接我
过去的。吃完晚饭之后,他问我想去哪儿走走、看看,我说书店。他就准备了
两张交通卡,对我说,我们一起走走,坐坐公交可以熟悉环境,如果开车去的
话,我可能下次来还是很不熟悉新加坡的。我们下了楼,外面下着小雨,李
先生改驾车陪我去逛书店。到了书店,他让我自己看书、选择,由我自由地、
尽情地浏览、选购,他自己找了一个地方坐下来看书,并告诉我如有需要可
招呼他。这里的每一个细节都让我感动。我心里在想,这就是"教育家",这
就是"大家"的风范。同时,我感受到自己和别人交往中的处事与李先生的
差距。

第二天是休息日,上午有一点空余的时间,他陪我在新加坡河畔散步,向我
解释河水的流向。之后去了一家咖啡店,他告诉我,这是他常去的地方。这里安
静,可以思考,可以写点东西。他没有手机,所以一般不会被打扰。这家店离他
家不远,他戏称这是他的"书房"。在这里,他还手书最近创作的诗《新加坡河》赠
与我。这首诗、这个情景值得珍藏,我赶紧拍照留念(回国后,我把这几张照片做
在了钥匙圈上,我与李先生各留一份,以志纪念)。

在我们的交流中,他还给我分享了一个经历——"上课要讲故事"。他说,有
一次,有一个人说是他的学生,李先生问,什么时候、什么课程的学生,对方答不

与李先生在新加坡河畔散步　李先生在咖啡店手书最近创作的诗

李先生手书并赠与的诗

上来,不过他记得李先生在课上讲过的一个故事,李先生记得讲过这个故事。师生关系就这样被确定了。所以,李先生告诉我,故事会给别人留下深刻印象的。这个建议我记在心里。我在后来的交流发言中,也常常有意识地引入一些"故事"。

短短几天的新加坡之行,给我留下了很深的印象,更是收获最多的一次出境之行。

回来之后,在新加坡出英文版的事情需要进一步落实。我们出版社与世界科技出版公司约定,翻译工作由我们来物色人员,由李先生来审定。李先生的支持是极为给力的,虽说是审定,实际上还承担了指导的任务,他要我好好组织翻译团队,他在审稿过程中发现的问题,一一标注,并给予说明,希望对译者翻译水平的提高有所帮助。我们合作的第一本书《数学奥林匹克在中国》(*Mathematical Olympiad in China*)于 2007 年很快出版了。这本书实际上是 2003—2006 年的《走向 IMO:数学奥林匹克试题集锦》。

2008 年,我和副社长龚海燕随亚太小学数学竞赛上海队一同去了新加坡,在李先生的陪同下再次访问了几家出版社,与世界科技出版公司拓展了项目,明确了《数学奥林匹克在中国》每两年出一册,新增了《数学奥林匹克小丛书》的几种。目前,前者出版了"2007—2008""2009—2010""2011—2014",这个项目还在继续;"小丛书"出版了《图论》《数学竞赛中的组合问题》《数学竞赛中的数论问题》《不等式的解题方法与技巧》《几何不等式》《组合极值》《概率与期望》,共 7 种。

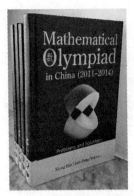

与世界科技出版公司的合作项目《数学奥林匹克在中国》

与世界科技出版公司的合作项目《数学奥林匹克小丛书》

　　不过,有一件事情很对不起李先生。李先生为了培养我们的翻译队伍,花了很大的力气,给我们提供了很多翻译上的意见和建议。由于我们的原因,翻译团队不稳定,之后翻译的两三本书,重新出现了李先生原先提出的一些差错,甚至翻译的质量有所下降。这使得李先生大为光火,一直"脾气很好"的李先生也无法控制自己的情绪,这个稿子原计划春节的几天可以加班完成的,可这样的质量根本无法完成。后来我知道这个情况后,只能赶紧向李先生赔不是,再想别的补救办法,一方面让翻译团队中的较好者审读全稿,另一方面请世界科技出版公司增加编辑力量,适当减轻李先生的负担。在这里,我再次向李先生赔不是:"李先生,对不起!"

　　与世界科技出版公司的合作有10多年了,我们的合作也逐渐步入"常规",《数学奥林匹克在中国》项目的"2015—2016""2017—2018"正在进行中。

　　去年,我在《编辑学刊》上撰写《走进国际教育市场——教辅版权输出案例分享》一文,其中有三个部分:"命中注定——从简体到繁体""贵人相助——从中文到英文""机缘巧合——从东方到西方"。应当说,我们出版社近年来在教辅版权输出方面是有所成绩的,为"讲好中国故事,发出中国声音"是有所贡献的,特别是,《人民日报(海外版)》发表了题为《2017年,海外热议的中国五本书》的文章,《一课一练》(英国版)是五本之一。这其中,"从中文到英文"是我们版权输出道路上关键的一步,是我们增强自信心的重要一步。而这一步正是李先生的帮助,这个帮助不仅是牵线搭桥，更重要的是全程参与和指导。

这项工作的贵人正是李秉彝教授。

近些年来，李先生来上海，我们都会见面、交流。最近的一次是 2017 年 5 月，他应邀来访华东师大数学系，还参观了我们出版社，我们聊得很开心。

我与李先生的交往，最大的收获是：李先生的"为人之本，处事之道"是值得我学习的。

他"对别人好一点"，铭记在我的心中，影响着我的行动。"读者的满意是我永远的追求"，

2017 年 5 月，在华东师大出版社与龚海燕副社长一起愉快地接待了李先生

"对合作伙伴（包括：同事、读者、作者、图书经销商等）好一点"，作为我的行为准则、工作指南。

他助人为乐，尽量帮助别人，在他的朋友、学生的文字中不断出现，他帮助中国的数学和数学教育走向世界，值得我们学习和敬佩。

恰逢李秉彝先生 80 寿辰之际，方均斌教授将主编出版《李秉彝与中国数学教育》，以示庆贺，而更重要的是向更多的数学和数学教育工作者介绍李先生的生平、推广李先生的数学教育观点、熟悉中国数学教育走向国际的发展历程及李先生对此所作的不懈努力和贡献。

读者朋友们，当你读完此书后，一定会对中国数学教育发展有新的了解与认识，对数学教育的学术研究有新的理解与想法……而李先生身上的诸多优秀品质更会引起你的关注，相信你会和我一样，敬佩李先生。

李秉彝先生是我（们）学习的榜样。

倪　明

2018.9

中文人名索引

中文名	西文名	页码
A		
阿迪格	Artigue，M.	104
阿里芬	Arifin，Achmad	7,217,221,224,225
阿托克	Atok	195
埃克曼	Eckmann	14
艾化伯格	Eilenberg，Samuel	224
艾凯凯	Aye，Khaing Khaing	181,183
安娜	Anne	195
安天庆		15
B		
Ben（即尼贝雷斯）	Nebres，Bienvenido F.	213－219
巴登	Barton，Bill	104,107
巴斯	Bass，Hyman	90,104
鲍建生		33
贝克	Becker，Jerry	26,27,29,30,210
毕肖普		90,158
伯格	Berge，Claude	215
布雷西	Bresis	216
布鲁纳	Bruner，Jerome Seymour	107
C		
蔡金法		33,152
曹才翰		28
陈爱飞		66
陈柏良		66
陈贵云		143
陈际瓦		143

陈千举   51

陈省身   15,157

陈云城   7

程其襄   14,18,20,136,138,163,
165,166

崔   Choe，Y.   145

D

达尔马维加亚   Darmawijaya，Soeparna   221,224

达鲁   Daru   222

德安布罗西奥   D'Ambrosio，Ubiratan   209

德朗治   de Lange，Jan   30,158

丁传松   前言 2，前言 3，前言 4，
8,15,18—23,133,138,
163,165,168,229,244

丁尔陞   24—29,101,135,210

丢东涅   Dieudonné   215

董纯飞   13,100

杜瑞尔   Durell   202

F

樊丽萍   70

范   Fine，H. B.   202

范良火   前言 3，33，35，36，57，
83，133，148，181，189，
247

范启安   7

方均斌   前言 4，33，47，64，68，
73，74，76，78，100，115，
135,139—141,163,175,
176,181,185,241,245,

		251
方铭		前言 3,78
逢椰宋弼		7
弗赖登塔尔	Freudenthal，Hans	24，47，74，104，158，218,225

G

高德宏	Kho，Tek Hong	56
高夯		53
龚海燕		249,251
龚升		209
巩增泰		前言 3,前言 4,19,163,165,244
顾泠沅		29,32,105
顾明远		25,27
管梅谷		13
郭立军		51

H

哈尔梅尔	Gravemeijer，K.	145
海月（即金海月）		195
豪森	Howson，A.G.	25,26,31,101,135
何秋燕		57
河田敬义	Kawada，Yukiyoshi	8,208,215
亨斯托克	Henstock，Ralph	5,18,20,57,163,164
胡毓达		前言 1,1,11,83
华罗庚		13，14，24，32，76，77，118,122
黄冠麒	Wong，Khoon Yoong	53,196,197
黄诗洁		57
黄翔		33,38,49,50,65,85

黄兴丰   前言 3，35，40，41，45，46，68，74，183，189，208，241，242，245

黄燕苹   前言 3，38，48，49，78，126，143，176，241，243，244

黄毅英   152

黄用谂   Wong，Yung Chow 7，213

霍尔   Hall，H. S.   202

J

吉尔帕特里克   Kilpatrick，Jeremy 149

吉瓦尔舍伊什维利 Djvarsheishvili，A. G. 169

加亨   Kahane，Jean Pierre 26

贾岛   137

江春莲   前言 3，179，181，183，184

江何   80

焦开梅   23

金海月   前言 3，5，35，147，190，194

金佳瑜   前言 4

金英子   45，74，242

井兰娟   51

K

卡布拉尔   Cabral，Emmanuel 181，183

科克罗夫特   Cockcroft，V. S.   30

科克罗夫特   Cockcroft，W. H. 158

科兹威尔   Kurzweil，Jaroslav 5，57，172，173

克莱因   Klein，Felix   104，218

孔明		95
库尔卡尼	Kulkarni, V.G.	30
奎普斯	Kuipers, L.	224

L

拉本	Lappan, Glenda	30,158
拉博德	Laborde, C.	145
莱德	Leder, Gilah	91
莱赫托	Lehto, Olli Erkki	14
赖汉卿		16,17
劳	Ray, Swati	181,183
李宝麟		19,23,165
李多勇		57,173
李俊		前言 3,33,35,157,183
李努维	Linuwih, Susanti	222
李士锜		33,68,91,152,189
李思寅		3,138
李文林		142
李哲		183
李正红		19,167
利翁斯	Lions, Jacques Louis	15,16,215
梁贯成		22,32,181
良火(即范良火)		247
梁耀鸿		57
廖可诚		19,165
林福来		91
林雪珂		57,58
林云霞		前言 4
刘东升		65
刘跟前		19,23,165
刘兼		51,54

刘可钦		51
刘丽珊		66
刘秀芳		25
卢熙灿		210
陆继坦		23
陆式盘		23,165,229
罗尔斯顿	Ralston，Anthony	68
罗增儒		57

M

马云鹏		53
马振民		23,165
马志明		142
麦克	Mack，J.	30
毛小燕		66
蒙迪	Mundy，Joan Ferrini	143
米开朗琪罗		146
莫塞尔	Moser，J.	15
姆斯利莎	Mushlisah，Nurul	221

N

尼贝雷斯	Nebres，Bienvenido F.	7，8，30，158，208，213，217
尼斯	Niss，Mogens	30,32,158
倪明		前言 3，135，150，245，251

P

彭垂裳		3
彭美玉		3
片桐重男		29

| 朴汉植 | Park，Han Shick | 30,158,210,217 |

Q

戚继光		3
乔菲		前言4
乔锐智		前言4
切利泽	Chelidze，Vladimir Georgievich	169
丘成桐		122
邱学华		29
邱玉辉		143,145
裘宗沪		32

S

塞姆布灵	Sembiring，Robert	225
瑟马蒂尼	Semadeni，Zbigniew	209
沙雷金	Sharygin，Igor	143
邵光华		55
施冬芳		71
施瓦比克	Schwabik	172,173
石涛		146
史宁中		53,83
舒尔曼	Shulman，L.	109
斯蒂恩	Stenn，L. A.	28
斯蒂芬	Steven，F. H.	202
宋乃庆		前言2,前言3,83,133,142,144,145
苏步青		27,107,118
苏吉约诺	Soedjiyono	222
苏加诺	Sukarno	223
苏帕那（即达尔马维加亚）	Darmawijaya，Soeparna	221,224
苏钊建	Cheow Kian Soh	50,51,52,160

孙晓天   51,83,160

孙岳   25,27

T

汤琪   245

唐瑞芬   前言 3,32,36,133,140,157—159,162

陶哲轩   118

藤田宏   Fujita，Hiroshi   26—29,86,210,215—217

田方增   13

童莉   50

涂荣豹   前言 2,前言 3,133,146

W

王才士   前言 4,19,165

王长沛   32,51

王建磐   22,32,83,160,187

王强芳   66

王尚志   33,51

王寿仁   13,16,209

王元   24,27,216

王芝平   66

王梓坤   25,31

威特曼   Wittmann，Evich. Ch.   87,88

吴博儿   38,78,241

吴从炘   前言 2,23,165,171

吴文俊   87

吴应鹏   前言 4

吴颖康   前言 3,15,33,35,47,48,181,183,185,188,245

吴正宪		51
伍鸿熙		104
伍师凤		51—53

X

西阿甘	Siagan，Peminpin	222
萧文强		33
肖凌戆		71
徐悲鸿		128,130,131
徐斌艳		32,33,54
徐琳		66
徐仲林		143
许东福		23,165,229
许泽鸿		209,247

Y

严士健		序 2，前言 3，25，27，29,133
晏卫根		58
杨宏		54
杨乐		16,17,24,27
杨淑媚		51—53
姚小波		19,23,165
野崎昭弘	Nozaki，Akihiro	91
叶国菊		前言 3，19，23，57,165,168,244
叶其孝		32
叶万夏		51,52
伊曼纽尔（即卡布拉尔）	Cabral，Emmanuel	183
尹建华		66
印帕拉西塔	Inprasitha，Maitree	211

尤西斯金	Usiskin, Z.	30,65,86,149
俞鑫泰		13
虞春燕		50
袁贵仁		143
袁智强		32

Z

泽田利夫	Sawada, Toshio	30,143,145,158
扎宁	Zaanen, A.C.	223,224
张大千		94,146
张丹		51
张奠宙		前言2,前言3,8,11,13,14,17,18,22－25,28,29,30－35,43,47,54,58,64,65,68,69－71,73,75,83,100,124,133,135,138,142,143,145,148,149,157－159,162－164,209,217,241,243,244
张定强		36,38,63,85,91,92,188,241
张广祥		143,144
张维忠		前言2
张彦春		66
张英伯		前言2,22,32,125
赵丹慧		前言4
赵东升		23,56,57
赵饶		前言4
郑奋兴	Teh，Hoon Heng	7,213
郑茹彬		51

郑伟光		57
郑毓信		33,68
钟善基		25,27—29,210
仲秀英		50
周选星	Chew，Tuan Seng	19,167,173,214
周学海		63,85
周泽扬		50
朱拉隆功	Chulalongkorn	202
朱雁		37,180,181,183